读者

人文科普文库
悦读科学
系列

文章精选自《读者》杂志

天文学家不认识星座

读者杂志社 ————⑳ 编

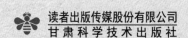
读者出版传媒股份有限公司
甘肃科学技术出版社

图书在版编目（ＣＩＰ）数据

天文学家不认识星座 / 读者杂志社编 . -- 兰州：
甘肃科学技术出版社，2021.6 (2024.1重印)
ISBN 978-7-5424-2843-1

Ⅰ．①天… Ⅱ．①读… Ⅲ．①天文学－普及读物
Ⅳ．① P1-49

中国版本图书馆 CIP 数据核字 (2021) 第112966号

天文学家不认识星座

读者杂志社　编

项目策划	宁　恢
项目统筹	赵　鹏　侯润章　宋学娟　杨丽丽
项目执行	杨丽丽　史文娟
策划编辑	李秀娟　马逸尘　韩维善

项目团队	星图说
责任编辑	杨丽丽
编　　辑	贺彦龙
封面设计	吕宜昌
封面绘图	于沁玉

出　　版	甘肃科学技术出版社
社　　址	兰州市城关区曹家巷1号　　730030
电　　话	0931-2131570（编辑部）　　0931-8773237（发行部）

发　　行	甘肃科学技术出版社　　印　刷　唐山楠萍印务有限公司
开　　本	787毫米×1092毫米　1/16　印　张　13　插页2　字　数　200千
版　　次	2021年7月第1版
印　　次	2024年1月第2次印刷
书　　号	ISBN 978-7-5424-2843-1　　定　价：48.00元

图书若有破损、缺页可随时与本社联系：0931-8773237

摘尽枇杷一树金

——写在"《读者》人文科普文库·悦读科学系列"出版之时

　　甘肃科学技术出版社新编了一套"《读者》人文科普文库·悦读科学系列",约我写一个序。说是有三个理由:其一,丛书所选文章皆出自历年《读者》杂志,而我是这份杂志的创刊人之一,也是杂志最早的编辑之一;其二,我曾在1978—1980年在甘肃科学技术出版社当过科普编辑;其三,我是学理科的,1968年毕业于兰州大学地质地理系自然地理专业。斟酌再三,勉强答应。何以勉强?理由也有三,其一,我已年近八秩,脑力大衰;其二,离开职场多年,不谙世事多多;其三,有年月没能认真地读过一本专业书籍了。但这个提议却让我打开回忆的闸门,许多陈年往事浮上心头。

　　记得我读的第一本课外书是法国人儒勒·凡尔纳的《海底两万里》,那是我在甘肃武威和平街小学上学时,在一个城里人亲戚家里借的。后来又读了《八十天环游地球》,一直想着一个问题,假如一座房子恰巧建在国际日期变更线上,那是一天当两天过,还是两天当一天过?再后来,上中学、大学,陆续读了英国人威尔斯的《隐身人》《时间机器》。最爱读俄罗斯裔美国人艾萨克·阿西莫夫的作品,这些引人入胜的故事,让我长时间着迷。还有阿西莫夫在科幻小说中提出的"机器人三定律",至今依然运用在机器人科技上,真让人钦佩不已。大学我学的是地理,老师讲到喜马拉雅山脉的形成,是印澳板块和亚欧板块冲击而成的隆起。板块学说缘于一个故事:1910年,年轻的德国气象学家魏格纳因牙疼到牙医那里看牙,在候诊时,偶然盯着墙上的世界地图看,突然发现地图上大西洋两岸的巴西东端的直角突出部与非洲西海岸凹入大陆的几内亚湾非常吻合。他顾不上牙痛,飞奔回家,用硬纸板复制大陆形状,试着拼合,发现非洲、印度、澳大利亚等大陆也可以在轮廓线上拼合。以后几年他又根据气象学、古生物学、地质学、古地极迁移等大量证据,于1912年提出了著名的大陆漂移说。这个学说的大致表达是中生代地球表面存在一个连在一起的泛大陆,经过2亿多年的漂移,形成了现在的陆地和海洋格局。魏格纳于1930年去世,又过了30年,板块构造学兴起,人们才最终承认了魏格纳的学说是正确的。

我上学的时代，苏联的科学学术思想有相当的影响。在大学的图书馆里，可以读到一本俄文版科普杂志《Знание-сила》，译成中文是《知识就是力量》。当时中国也有一本科普杂志《知识就是力量》。20世纪五六十年代，中国科学教育界的一个重要的口号正是"知识就是力量"。你可以在各种场合看到这幅标语张贴在墙壁上。

那时候，国家提出实现"四个现代化"的口号，为了共和国的强大，在十分困难的条件下，进行了"两弹一星"工程。1969年，大学刚毕业的我在甘肃瓜州一个农场劳动锻炼，深秋的一个下午，大家坐在戈壁滩上例行学习，突然感到大地在震动，西南方向地底下传来轰隆隆的声音，沉闷地轰响了几十秒钟，大家猜测是地震，但那种长时间的震感在以往从来没有体验过。过了几天，报纸上公布了，中国于1969年9月23日在西部成功进行了第一次地下核试验。后来慢慢知道，那次核试验的地点距离我们农场少说也有1000多千米。可见威力之大。"两弹一星"工程极大地提高了中国在世界上的地位，成为国家民族的骄傲。科技在国家现代化强国中的地位可见一斑。

到了20世纪80年代，随着改革开放时期来到，人们迎来"科学的春天"，另一句口号被响亮地提出来，那就是"科学技术是第一生产力"，是1988年邓小平同志提出来的。1994年夏天，甘肃科学技术出版社《飞碟探索》杂志接待一位海外同胞，那位美籍华人说他有一封电子邮件要到邮局去读一下。我们从来没有听说过什么电子的邮件，一同去邮局见识见识。只见他在邮局的电脑前捣鼓捣鼓，就在屏幕上打开了他自己的信箱，直接在屏幕上阅读了自己的信件，觉得十分神奇。那一年中国的互联网从教育与科学计算机网的少量接入，转而由中国政府批准加入国际互联网。这是一个值得记住的年份，从此，中国进入了互联网时代，与国际接轨变成了实际行动。1995年开始中国老百姓可以使用网络。个人计算机开始流行，花几千块钱攒一个计算机成为一种时髦。通过计算机打游戏、网聊、在歌厅点歌已是平常。1996年，《读者》杂志引入了电子排版系统，告别了印刷的铅与火时代。2010年，从《读者》杂志社退出多年后，我应约接待外地友人，去青海的路上，看到司机在熟练地使用手机联系一些事，好奇地看了看那部苹果手机，发现居然有那么多功能。其中最让我动心的是阅读文字的便捷，还有收发短信的快速。回家后我买了第一部智能手机。然后做出了一个对我们从事的出版业最悲观的判断：若干年以后，人们恐怕不再看报纸杂志甚至图书了。那时候人们的视线已然逐渐离开纸张这种平面媒体，把眼光集中到手机屏幕上！这个转变非同小可，从此以后报刊杂志这些纸质的平面媒体将从朝阳骤变为夕阳。而这一切，却缘于智能手机。激动之余，写了一篇"注重出版社数字出版和数字传媒建设"的参事意见上报，后来不知下文。后来才知道世界上第一部智能手机是1994年发明的，十几年后才在中国普及。2012年3月的一件大事是中国腾讯的微信用户突破 1 亿，从此以后的 10 年，人们已经是机不离身、眼不离屏，手机成为现代人的一个"器官"。想想，你可以在手机上做多少件事情？那是以往必须跑腿流汗才可以完成的。这便是科学技术的力量。

改革开放 40 多年来，中国的国力提升可以用翻天覆地来表述。我们每一个人都可以切身感受到这些年科学技术给予自己的实惠和福祉。百年前科学幻想小说里描述的那些梦想，已然一一实现。仰赖于蒸汽机的发明，人类进入工业革命时代；仰赖于电气的发明，人类迈入现代化社会；仰赖于互联网的发明，人类社会成了小小地球村。古代人形容最智慧的人是"秀才不出门，能知天下事"，现在人人皆可以轻松做到"秀才不出门，能做天下事"。在科技史中，哪些是影响人类的最重大的发明创造？中国古代有造纸、印刷术、火药、指南针四大发明。也有人总结了人类历史上十大发明，分别是交流电（特斯拉）、电灯（爱迪生）、计算机（冯·诺伊曼）、蒸汽机（瓦特）、青霉素（弗莱明）、互联网（始于 1969 年美国阿帕网）、火药（中国古代）、指南针（中国古代）、避孕技术、飞机（莱特兄弟）。这些发明中的绝大部分发生在近现代，也就是 19、20 世纪。有人将世界文明史中的人类科技发展做了如是评论：如果将 5000 年时间轴设定为 24 小时，近现代百年在坐标上仅占几秒钟，但这几秒钟的科技进步的意义远远超过了代表 5000 年的 23 时 59 分 50 多秒。

科学发明根植于基础科学，基础科学的大厦由几千年来最聪明的学者、科学家一砖一瓦地建成。此刻，忽然想到了意大利文艺复兴三杰之一的拉斐尔（1483—1520）为梵蒂冈绘制的杰作《雅典学院》。在那幅恢宏的画作中，拉斐尔描绘了 50 多位名人。画面中央，伟大的古典哲学家柏拉图和他的弟子亚里士多德气宇轩昂地步入大厅，左手抱着厚厚的巨著，右手指天划地，探讨着什么。环绕四周，50 多个有名有姓的人物中，除了少量的国王、将军、主教这些当权者外，大部分是以苏格拉底、托勒密、阿基米德、毕达哥拉斯等为代表的科学家。

所以，仰望星空，对真理的探求是人类历史上最伟大的事业。有一个故事说，1933年纳粹希特勒上台，他做的第一件事是疯狂迫害犹太人。于是身处德国的犹太裔科学家纷纷外逃跑到国外，其中爱因斯坦隐居在美国普林斯顿。当地有一所著名的研究机构——普林斯顿高等研究院。一天，院长弗莱克斯纳亲自登门拜访爱因斯坦，盛邀爱因斯坦加入研究院。爱因斯坦说我有两个条件：一是带助手；二是年薪 3000 美元。院长说，第一条同意，第二条不同意。爱因斯坦说，那就少点儿也可以。院长说，我说的"不同意"是您要的太少了。我们给您开的年薪是 16000 美元。如果给您 3000 美元，那么全世界都会认为我们在虐待爱因斯坦！院长说了，那里研究人员的日常工作就是每天喝着咖啡，聊聊天。因为普林斯顿高等研究院的院训是"真理和美"。在弗莱克斯纳的理念中，有些看似无用之学，实际上对人类思想和人类精神的意义远远超出人们的想象。他举例说，如果没有100年前爱因斯坦的同乡高斯发明的看似无用的非欧几何，就不会有今天的相对论；没有1865年麦克斯韦电磁学的理论，就不会有马可尼因发明了无线电而获得1909年诺贝尔物理学奖；同理，如果没有冯·诺伊曼在普林斯顿高等研究院里一边喝咖啡，一边与工程师聊天，着手设计出了电子数字计算机，将图灵的数学逻辑计算机概念实用化，就不会有人人拥有手机，须臾不离芯片的今天。

对科学家的尊重是考验社会文明的试金石。现在的青少年可能不知道，近在半个世纪前，我们所在的大地上曾经发生过反对科学的事情。那时候，学者专家被冠以"反动思想权威"予以打倒，"知识无用论"甚嚣尘上。好在改革开放以来快速而坚定地得到了拨乱反正。高考恢复，人们走出国门寻求先进的知识和技术。以至于在短短40多年，国门开放，经济腾飞，中国真正地立于世界之林，成为大国、强国。

虽说如此，人类依然对这个世界充满无知，发生在2019年的新冠疫情，就是一个证明。人类有坚船利炮、火星探险，却被一个肉眼都不能分辨的病毒搞得乱了阵脚。这次对新冠病毒的抗击，最终还得仰仗疫苗。而疫苗的研制生产无不依赖于科研和国力。诸如此类，足以证明人类对未知世界的探索才刚刚开始。所以，对知识的渴求，对科学的求索，是我们永远的实践和永恒的目标。

在新时代，科技创新已是最响亮的号角。既然我们每个人都身历其中，就没有理由不为之而奋斗。这也是甘肃科学技术出版社编辑这套图书的初衷。

写到此处，正值酷夏，读到宋代戴复古的一首小诗《初夏游张园》：

乳鸭池塘水浅深，

熟梅天气半晴阴。

东园载酒西园醉，

摘尽枇杷一树金。

我被最后一句深深吸引。虽说摘尽了一树枇杷，那明亮的金色是在证明，所有的辉煌不都源自那棵大树吗？科学正是如此。

胡亚权

2021 年 7 月末写于听雨轩

目 录

本初子午线移位

王丹妮

　　"本初子午线，即穿过英国格林尼治皇家天文台旧址的零度经线。"初中时，我们就摇头晃脑地认真背诵这条地理常识。要是现在告诉你，这么多年我们都被骗了，你会不会大跌眼镜?

　　美国弗吉尼亚大学的天文学家近日的研究成果打破了这个已存在131年的"常识"。经过精确计算后，研究人员发现，真正的本初子午线应该位于天文台以东约101米的地方。这个"世界性地标"的所在地是格林尼治公园里的一个垃圾桶。

　　在历史上，英国格林尼治皇家天文台为夺得"本初子午线"的所有权，一路披荆斩棘，干掉了许多竞争者。14世纪以前，一些地区采用通过大西洋加那利群岛耶罗岛的子午线。19世纪上半叶，许多国家更是我行我素，自己另搞一套。直到 1884 年 10 月的华盛顿国际子午会议上，这条穿过英国格林尼治皇家天文台旧址的经线才"一举夺魁"，正式确立了自己的尊贵地位。

在卫星定位系统（GPS）日渐普及的今天，当"粉丝"们在天文台掏出带有 GPS 功能的智能手机，却恍然发现：哎呀妈呀，怎么不是零度？

在一片质疑声中，美国弗吉尼亚大学的天文学家才重新进行了精确计算。据说，英国于 1851 年由学者利用望远镜观察天体运行，订立本初子午线，但当时的观测受到地球自转及地心引力影响，导致数据出现偏差。

在科学的世界里，没有任何东西是永恒的。上一秒看似颠扑不破的真理，下一秒就可能被人推翻。

新尺子

吴士芒

趁火星的热度还没有过去，咱们趁热打铁，给科学家重铸一把尺子，以度量天文。因为现在的尺子不太适用。

地球到太阳的距离，天文学家定为"一个天文单位"，简称 A.U，它的长度约为 1.45 亿千米。按这个尺度，正离去的火星与我们的距离，就约为 0.4 个天文单位，即 5794 万千米。

尺子不错！我们用它度量地球与其他行星的距离：木星，5 个天文单位；土星，9 个天文单位；冥王星，39 个天文单位。

但当我们度量距我们最近的恒星的距离时，天文学家就突然换了尺子："天文单位"换成了"光年"，即光在一年内所走的距离。它的长度，约为 97 亿千米。

　　大多数人，并不知 97 亿千米是什么概念。光的速度是 30 万千米／秒，即 1 秒内可绕地球 7 圈多。到此为止，你可能还不知道这有多长。但你用 30 万千米乘 60，再乘 60，再乘 24，再乘 365，你还知道这有多长吗？这就是光年。你傻了吧，搞不清多长了吧？

　　距我们最近的恒星，叫"阿尔法人马座"，与地球的距离是 4.2 光年，约为 250 亿千米。如果再往远处走，天文学家就又换尺子了。他们弃了光年，捡起了"秒差距"（约 3.26 光年）和"百万秒差距"。那是多少呢？326 万亿光年！

　　无怪乎对天文距离有概念的人，天下没有几个。

　　我们可以造一把新尺子。这尺子，可称为"喷气年"。听名就能知它的意思：喷气式飞机一年内不间断飞行所经过的距离。

　　坐过飞机的人，对飞机一年内走多长的距离，一般是有概念的。以 966 千米／小时计算，一架喷气式飞机一年内飞的距离，就是 845 万千米。也就是说，我们如今与火星的距离，是约为 6 个"喷气年"。

　　在飞机上工作过 14~15 年的人，已经走完了我们与火星的距离。服务了 40 年的老机师，则已经到了太阳（17 个"喷气年"）。

　　这一把尺子用以量恒星的距离，也同样适用。

　　离我们最近的恒星，即"阿尔法人马座"，距我们有 470 万"喷气年"之遥。这样，我们对这个距离就有所体会了：如果你乘一架喷气式飞机，不停地飞上 500 万年，你肯定能到达"阿尔法人马座"。

　　到天狼星呢？需要 950 万年。去银河系的中心呢？那远了，你得坐300 亿年的飞机。

　　如果你想捧一束鲜花，去仙女座，这离我们银河最近的邻居那里求爱，你要飞多久呢？ 250 亿年！你不肯等那么久，那你可以向嫦娥示爱，这只需要飞半个多月就到了：月球与我们的距离，只有 0.05 个"喷气年"。

所以，当下一次你再仰望天空，凝视那脸庞红扑扑的火星时，你如果动了爱意，不用沮丧：坐上你心爱的喷气式飞机，6 年就到了——假如它等你。

一个和 10 万个地球

刘慈欣

　　如果把人类文明的整体看作一个婴儿，那也是一个早产儿。文明的进步速度远快于自然进化，人类实际上是用原始人的大脑和身体进入现代文明的。那就有一个可怕的问题：如果没有外界照顾，人类文明这个婴儿是否将永远无力走出自己的摇篮？

　　20 世纪 50 年代末至 70 年代初被当作黄金时代——在发射第一颗人造卫星后仅 3 年多时间，第一名宇航员进入太空；其后仅 8 年多时间，人类就登上了月球。但很快，阿波罗登月计划因资金中断，取消了剩下的飞行。之后，人类的太空探索就像一块在地球重力场中抛起的石头，达到顶点短暂停留后急剧下坠。"阿波罗 17 号"最后一次登月是一个重要的转折点，其后，人类太空事业的性质悄然发生了改变，太空探索的目光由星空转向地面。"阿波罗 17 号"之前的太空飞行是人类走出摇篮的努力，之后则是为了在摇篮中过得更舒适。太空事业被纳入经济轨道——产出必须大于投入，开拓的豪情代之以商人的精明，人类心中的翅膀折断了。

回头看看，人类真的想要走出摇篮吗？20 世纪中叶的太空探索热潮，背后的驱动力是冷战，是对竞争对手的恐惧和超越的愿望，是一种显示力量的政治广告——人类其实从来没有真心把太空当作未来的家园。

人类文明要想在人为或自然的环境变化中长期生存，只能把环境保护由被动变为主动，整体性地调整和改变地球环境。比如为缓解温室效应，人们提出了多种方案，包括在海洋上建立大量巨型太阳能蒸发站，把海水蒸发后喷入高空，增加云量；在太阳和地球间的拉格朗日点，给地球建造一面巨大的遮阳伞。这些工程无一不是史无前例的超级工程，所涉及的技术，都是在科幻作品中才有的超级技术，其难度远大于太阳系内的星际航行。

除了技术上的难度，从经济层面上看，环境保护与太空开发十分相似：都需要投入巨量资金，初期都没有明显地经济回报。但人类对环保的投入与对太空的开发相比，大不成比例。以中国为例，"十二五"规划中计划投入环境保护的资金为 3 万多亿元人民币，但对太空探索，只计划投入 300 亿元左右。其他国家也差不多。

太阳系中有着巨量资源，人类生存和发展需要的资源，从水到金属再到核聚变燃料，应有尽有。按地球最终养活 1000 亿人口计算，整个太阳系的资源总量可以养活 10 万个地球的人口。

现在，我们看到了一个事实：人类放弃了太空中的 10 万个地球，只打算在一个地球上生存，而生存手段还是环保，一项与太空开拓同样艰巨、

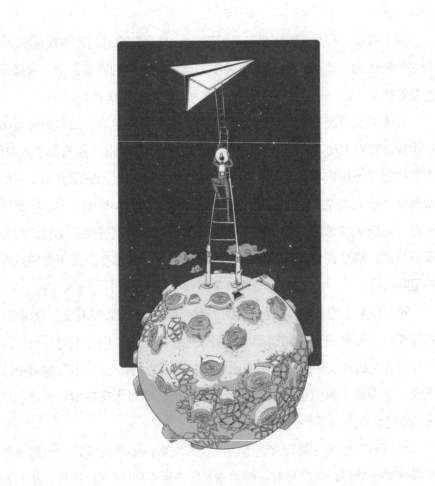

冒险的事业。

同环保一样，太空开发与技术进步是互动关系，太空开发会促进技术进步。在阿波罗工程之前，美国并不具备登月的技术，相当一部分技术是在工程进行中开发的。核裂变技术在地球上已成为现实，实现太空核推进并不存在不可逾越的障碍；可控核聚变虽还未实现，但只存在技术障碍，而不是理论障碍。

我们要看到这样一个事实：40多年前，登月飞船上的导航和控制计算机，其功能只相当于苹果4代手机的1‰。

太空开拓与过去的大航海时代相似，都是远航到一个未知领域，为了人类的生存空间，开拓一片新的天地。大航海时代的开始是哥伦布发现新大陆，哥伦布的航行在当时得到了西班牙伊莎贝拉一世女王的支持，但女王自己也供不起这支船队。据说她把自己的首饰都典当了，资助哥伦布远航。事实证明，这是最明智的一笔投资，以至于有人说世界历史从1500年开始，因为那时候人们才知道整个世界的全貌。

现在，人类正处在第二次大航海时代的前夜。现在我们比哥伦布有优势，因为哥伦布看不见他要找的新大陆，在大西洋上航行了很多天还没见到陆地，那时候他内心肯定充满了犹豫、彷徨。而我们要探测新世界，抬头就能看到，但现在没人来出这笔钱。

也许，人类文明作为一个整体，就像人类的个体婴儿一样，在没有父母帮助的情况下，真的永远无法走出摇篮。

但从宇宙角度看，地球文明是没有父母的，人类是宇宙的孤儿，我们真的要好自为之了。

如果你去太空旅行

[美] 阿里尔·瓦尔德曼

苟利军　译

你或许觉得太空离自己太远了，但随着技术的进步，太空旅行早已不再是遥不可及。不信？告诉你，美国的太空探索技术公司，已经签下了首位绕月旅行的客户。可能在不远的将来，普通人也能去太空游玩了。

那我们来大胆想象一下：如果有一天你被美国国家航空航天局（NASA）这样的机构选中，可以免费进行一场太空之旅，去看看浩渺的宇宙。你在兴奋之余，应该做好什么准备？

下面这张清单，就告诉你在太空生活必须注意的事项。

1. 怎么适应：挺过 4 天 "晕船期"。

在地球上会晕车晕船，上了太空也一样，会 "晕太空飞船"。在你升空的头几天，可能会出现"太空适应综合征"：呕吐、头晕、头疼……失重还会让你体内的血液在头部积聚，脸会浮肿。不过你不要太担心，保持好心情，严重的话服用止吐药，一般 4 天后，身体习惯了失重，症状就会自然好转。

2. 怎么睡觉："挂"在墙上。

在地球上，我们都会躺在床上睡觉，但在飞船、空间站里可没有床，只在墙上设有睡袋。如果你困了，只要钻进睡袋，拉紧拉链，把自己牢牢固定住就能安心睡了。不过需要注意的是，你睡觉时可能会经常出现"下坠"的感觉，继而惊醒，不要惊慌，这是受失重的影响，很多宇航员都有这样的体验。

3. 怎么方便：纸尿裤是"神器"。

说起纸尿裤，你肯定觉得是给婴儿用的，但其实最初它是为宇航员设计的。在太空"方便"有两个难点：第一，发射和返航时，你得坐在固定的座位上；第二，厚重的宇航服不方便穿脱。宇航员曾经尝试过穿双层橡胶裤、改良安全套等方法，但效果都不好。直到 20 世纪 80 年代，美国国家航空航天局一位叫唐鑫源的华裔工程师，利用高分子吸收体，发明了一种能吸收 1400 毫升水的纸尿片，才解决了宇航员的这个难题。所以即便觉得难为情，还是穿好纸尿裤吧。

4. 怎么吃饭：需要重口味唤醒味蕾。

告诉你一个事实：太空环境会让所有人都变成重口味爱好者。因为失重，鼻腔黏液堆积、舌头分泌的唾液不够，会让你的嗅觉、味觉减弱，吃什么都觉得寡淡无味。所以，除了日常我们吃的食物，后勤部门还会特地运送辣椒酱等重口味的调味料，帮你打开胃口。

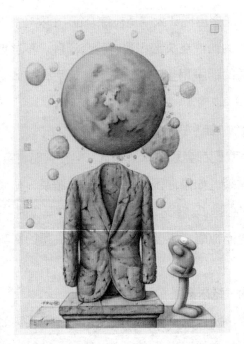

刘 宏｜图

5. **怎么打喷嚏**：带上毛巾。

如果你看过《银河系漫游指南》，一定对这句话印象深刻："毛巾对一个星际漫游者来说，是最有用的东西。"就打喷嚏这件事来说，这句话非常正确。你在地球上打个喷嚏，细菌会落在地上被阳光消灭，但在太空，喷出的致病菌会一直漂浮在空中，迅速繁殖，极易传染疾病。在美国国家航空航天局有纪录的 106 次航天飞行中，曾出现过 29 个传染病病例。所以，你在打喷嚏前，千万别忘了用毛巾捂住口鼻。

6. **怎么打嗝**：用手推一下墙。

这个动作可能让你一头雾水，但如果你不这样做，打嗝就会很容易变成呕吐。因为失重，你胃中的物质不再会乖乖地待在胃的底部，而是均匀分布在胃里。所以，你需要在打嗝前伸手推一下墙，利用墙施加给你的反作用力来代替重力，把胃里的物质"固定"住，这样就可以只排出胃里的气体，正常打嗝了。

7. 怎么洗澡：带呼吸罩淋浴。

在失重环境下洗澡是个麻烦事，水会四处乱飘。但你别担心，科学家早就有了解决方法。美国的天空实验室和俄罗斯的"礼炮号"空间站就配备了专门的淋浴装置——上部是加压喷水装置，下部是由防水材料制成的封闭圆筒，关严接缝处就能洗澡了。为了避免口鼻进水，当你进入圆筒时，别忘了带上口鼻呼吸罩，呼吸罩的管子会与外部连通，让你畅快呼吸外面的空气。

8. 特别注意：每天必须运动 2 小时。

在地球上，平时不运动也没太大关系，但在太空中，不运动可就有点危险了——失重会导致肌肉减少，容易患上骨质疏松症，必须靠运动维持健康。因此，每天都需要锻炼 2 小时。常见的运动项目就是骑自行车，不过太空里的自行车没有车把和车座，你的双手完全被"解放"，你能去翻翻书，或者操作音乐播放器。

现在，你的基本生活问题都解决了，可以专心享受太空之旅了。

天文学家不认识星座

序列号

单位组织体检，做 B 超的大夫听说我在天文台工作，一边让我鼓肚子一边吐槽道："你们的天气预报怎么总不准？"我气没憋住笑出声来，赶忙答道："天气预报是气象学研究的范畴，我们所研究的都在大气层以外。"

作为一个天文科研工作者，也就是大众心目中的"天文学家"，我经常被问到的问题除了"天气预报"，还有"我是某某星座，你给我算算？"每每遇到这种情况，我心里总是叫苦不迭：这是占星学的事儿，不是科学啊。

天文学家到底是干什么的？坐在望远镜后面看星星，或者带爱人去看浪漫的流星雨？其实天文学的研究范畴很广，小到一粒尘埃，大到整个宇宙，都可能成为天文学家的研究对象。但是，天文学家上学的时候真的不学"认星座"。星座仅仅是对天空进行的人为的划分罢了。其实，99%的天文学家都认不出星座。

朋友听说我们的办公地点在北京市区，十分纳闷儿：市区夜晚灯火通明，光污染严重，怎么研究？难道你们的望远镜有特异功能？听到这些，我总感慨，长期以来，公众对于天文学家的印象失之偏颇，但架不住头顶神秘星空对人们与生俱来的吸引力，他们还是会常常发出这样的好奇提问。

文艺复兴时期，哥白尼提出的"日心说"开启了现代天文学，基于观测的天文学研究，也在400多年前伽利略第一次用望远镜仰望星空后快速发展起来。但是，随着天文仪器设备的发展和计算机的出现，天文学家已经从简单的用纸笔记录，或者是画出天体的样貌位置，变成借助电脑自动记录天体信息，获取研究数据了。

现在的天文学家，绝大多数时间都不会带着望远镜跑到野外去亲自观测了，更多的是通过网络远程获取数据来进行研究。望远镜有专门的人员负责操控，很多数据是公开的，普通大众都可以下载。因此，从理论上讲，任何人都可以成为天文学家。当然，你需要学习必要的知识才能分析和研究它：物理、数学、化学，甚至生物，计算机编程也是必备技能。

不少天文学家的日常可以类比为一条生产线，产品是研究成果，主要以发表学术论文来体现。流程是学习、读文章、写程序、分析数据、得到结果、发表文章。有些搞理论研究的天文学家，连分析观测数据这一步都可以省了。不论你在世界哪个角落，有一台能够联网的电脑就可以搞天文研究。虽说是生产线，但并不是机械和枯燥的。因为每个"产品"

于沁玉 图

都不一样，在生产的过程中会学到新的知识，迸发出新的想法，谁让我们研究的是整个未知的宇宙呢。

　　如果你问一位天文学家："你研究的星星叫什么？在哪里？"他回答你的很可能是一个编号，甚至只是天文坐标，而不会是北斗七星或者狮子座。至于它们究竟在哪儿，也许天文学家会两手一摊回答："在电脑里。"如果再问："什么时候一起去看流星雨？"大多数天文学家可能会说："不清楚。"可能也没空。

如果爱因斯坦见到黑洞照片

刘姝钰

最新发布的黑洞之影照片，是对爱因斯坦广义相对论的验证。如果爱因斯坦看到这张照片，是不是会发笑？

1915 年，爱因斯坦凭借他卓越的物理天分，提出广义相对论，颠覆了人们一直以来的经验和认知。根据广义相对论，曾经被认为只是居住在广袤时空中的宇宙万物，一下子翻身做了时空的建造者。

在广义相对论问世时，因其天马行空的时空观，许多科学家不敢相信。但 100 年来，随着科学的发展，人们通过广义相对论推演出的很多重要预言都逐一得到证实。最近一次，就是黑洞照片的问世。

百年前的广义相对论，至今"前卫"

引起世界狂欢的黑洞之影，与广义相对论之间有着怎样的渊源？

其实，科学家对黑洞的猜想早在几百年前就已经初露端倪。我们现在已经知道，黑洞是由质量足够大的恒星在可以进行核聚变反应的燃料耗尽后，发生引力塌缩而形成的。黑洞的大质量决定了它超强的引力场，强到连传播速度极快的光子也无法逃逸。

所有的天体都有一个所谓的逃逸速度，只有当物体的初速度达到天体逃逸速度时，物体才能摆脱天体的引力束缚而飞出该天体。地球的逃逸速度即第二宇宙速度，为 11.2 千米 / 秒。光的速度虽然达到了 30 万千米 / 秒，却依然无法逃离黑洞巨大的引力。

1687 年，牛顿发表了他的巨著《自然哲学的数学原理》，并研究了逃逸速度。但可惜的是，由于种种计算问题，牛顿最终没能将他的引力方程延伸至大质量恒星上。

到 1783 年，英国天文学家约翰·米歇尔第一个想到：可以存在比太阳质量更大的恒星，其逃逸速度甚至超过光速，连光都无法逃逸出去。因此从外部看，这颗恒星将是全黑的。他把这种巨大的天体称为"黑星"。

但在那个时代，要想在太空中找到这样一颗根本看不见的天体是不可能的，有关"黑星"的想法就这样被搁置了一个多世纪。直到 20 世纪早期，爱因斯坦创造了两种伟大的理论——狭义相对论和广义相对论。狭义相对论描述了一种全新的时空观，即物体的运动速度会影响物体的质量、空间，甚至时间。而广义相对论，则是对曾经的万有引力理论的修正。

根据牛顿所提出的万有引力理论，我们知道一切事物之间都有引力。

物体质量越大，引力越大，比如，苹果掉在地上就是受了地球引力的作用。广义相对论则认为，任何有质量的物体都会导致"时空"的弯曲，因此，当物体向一个大质量的物体靠近时，将会沿着弯曲的路径前进，这种现象就是"引力"。

以苹果为例，苹果掉在地上并不能单纯认为是受到地球引力，而是因为地球弯曲了周围的时空，苹果沿着这一时空运动时掉了下来。我们可以借美国物理学家惠勒之言，概括广义相对论的精髓：时空决定物质如何运动，物质决定时空如何弯曲。

这个结论看上去非常荒谬，但事实是，同步卫星上的时钟比地球上的时间每天要快 38 微秒。因为在那个距离地球较远的位置上，卫星所受到的地球弯曲时空的影响较小，时间过得较慢。

走出"鱼缸"，从看到黑洞开始

广义相对论的另一个结论是，光也受引力影响，也将沿着一个弯曲的路线走。当然，并不能说牛顿的万有引力理论就是错的，它是一种"近似"，在我们日常范畴，牛顿力学已经足够。

不同于万有引力理论的简单方程式，爱因斯坦的理论要用一系列复杂的被称为"场方程"的方程式来解释。1916 年，德国物理学家卡尔·史瓦西就是根据这套复杂的场方程发现了关于大质量恒星的精确解，"黑星"问题重新浮出水面。

依据场方程，一个密度极其大的天体在宇宙空间创造了一个区域，在这个区域中，包括光也受到天体引力的影响，无法逃逸。史瓦西甚至根据场方程，进一步计算了这个天体的半径。

曾经，这一切被认为纯粹只是一个数学结果。但随着天体物理学的进步，我们对恒星的生命周期有了进一步了解，一些凋亡的恒星最终可能会变成另一种奇异天体的现象或许真的会发生。现在我们已经知道，这就是黑洞。1967 年，惠勒第一次提出"黑洞"一词，在当时还只是指一种只在理论上存在的、极端致密和令时空无限弯曲的天体。52 年之后，人类终于为黑洞拍下了第一张真正的照片。

面对这样一个黑透了的物体，科学家是如何通过"曲线救国"看到它的面目的？那就要得益于吸积盘与喷流这两种现象了。二者皆因黑洞在吞噬万物时，气体摩擦而产生明亮的光与大量辐射。因此，对黑洞的观测结果除了说明广义相对论的又一个预言被证实，也将帮助我们回答星系中的壮观喷流是如何产生并影响星系演化的。

根据爱因斯坦的场方程，当我们知道了黑洞的质量，就能算出它的半径。为了纪念卡尔·史瓦西，这个黑洞的半径被称为"史瓦西半径"，包括光在内的任何物质都无法从史瓦西半径中逃出。而黑洞的表面积被称为"视界"，因为一旦有东西越过了视界，那么它就永远消失了，或者说，被隐匿到宇宙的另一部分中。

有了这张黑洞照片，天文学家接下来将会从中推断更多 M87 星系黑洞的数据，包括它到底有多重、角动量是多少、周围的尘埃与气体是一种什么样的状态。天文学家将计算的数据与之前通过其他手段间接推测的结果进行比对，科学的认知才能获得不断进步。

现在，让我们回到那一颗"苹果"。它掉落下来，是因为牛顿提出的万有引力，还是因为广义相对论创造的时空弯曲，对于"我"而言又有什么区别，"我"究竟是为了什么在纠结？

从现实世界来说，我们每个人手中握着的带有 GPS 卫星定位系统的电子设备，其实就是受益于广义相对论。

　　未来，如果有一天虫洞旅行、光速飞船变成现实，人们就不会再问相对论、量子论以及探索宇宙有什么用。

　　多年前，意大利蒙扎市议会通过了一项法案，禁止宠物的主人把金鱼养在圆形的鱼缸里。提案者解释，因为圆形鱼缸的弯曲面，会让金鱼眼中的"现实"世界变得扭曲，这对金鱼而言太残忍。

　　这个提案看上去很荒唐，对吗？

　　在这背后，却有一个哲学和物理学迷思：金鱼看见的世界与我们看见的不同，我们何以知道我们看到的就是一个"不扭曲"的世界？

　　我们所感知到的"现实"就一定是真实的吗？

　　以上，就是斯蒂芬·霍金在著作《大设计》中提出的"金鱼缸论证"。

　　探究黑洞，是因为我们并不甘心透过"鱼缸"看世界。

相处的距离

杨子明

冥王星离太阳太远，达 59 亿千米，温度低至 - 200℃，无生命可言。水星离太阳太近，约 5000 万千米，温度高达 400℃，也无生命可言。生命是很脆弱的，只能生存在适合的温度中。地球离太阳约 1.5 亿千米，处在离太阳适当的位置上，不太远也不太近，有热情而不至于焦灼，有清凉而不至于极寒，温度宜人，于是充满了生机。

其实人际关系与星际关系一样，太近了就容易产生矛盾。"保持距离"的确是人际和谐相处的关键。瞧那高速公路上，车与车之间，即使同向，也要"保持车距"，否则易出事故。相邻的国家之间最易引发冲突，邻居也最易发生纠纷。一切的冲突和纠纷，都是因为距离太近。显然，人们不善于处理距离太近的问题。

原来，太阳系里，太阳是中心，所有行星、卫星甚至零碎的太空物质，都绕着它转。地球有个地核，地球引力范围内的东西都得围着它转，包括空气、尘埃和太空上的卫星，还有月球。人则以自己为中心，处理着与周围的关系。从自我角度看自己和看别人是不一样的，自己看自己与别人看自己，也差异甚大。不论是星际还是人际，距离都是个问题。距离太近，会产生不安全感；距离太近，易生摩擦；距离太近，容易看清身边事的不足、身边人的瑕疵。距离远点，那些"不足"和"瑕疵"会大量减少，所以会有"距离产生美"的说法。

曾有人问寰普禅师："如何是境中人？"禅师答道："退后看。"

虽然问的是如何看环境与人的问题，但涉及的却是高深莫测的如何看问题及如何悟道的学问。用宽阔的目光看人看物，就会减少许多争执。

退后再看，距离增加了，就无须看得太清了；视野开阔了，心胸也随之宽广。矛盾放在大环境下，就容易被稀释。难怪人们会感叹："退一步海阔天空。"

辛　刚　图

天地间仿佛只剩我一个人

温 莎

1965 年 3 月 18 日，苏联宇航员阿列克谢·列昂诺夫完成了人类历史上的一项壮举——成为"太空漫步第一人"。50 多年后的今天，回忆起那场 12 分钟的短暂冒险，他依旧心潮澎湃。

宇宙中的一切过目难忘

今年 80 多岁的列昂诺夫精神矍铄。时至今日，他依然清楚地记得自己拥抱太空时的感受。

"地球是圆的。"列昂诺夫告诉记者，从黑暗的太空俯瞰地球，他惊讶地发现，祖国苏联清晰可见，他说："我立刻看到了黑海和克里米亚半岛，然后向'左'看到了罗马尼亚、保加利亚，还有一小部分意大利。这幅印在脑海中半个多世纪的画面，不是地图，而是我亲眼所见。"

"我还找到了波罗的海和加里宁格勒湾。"透过护目镜，列昂诺夫贪婪地观察着浩瀚的宇宙，"星星围在我身边，阳光极其刺眼，光线好像成了身体的一部分。"

"天地间仿佛只剩我一个人，整个世界万籁俱寂。"列昂诺夫在接受采访时承认，进行太空行走过程中，绝对的死寂令他心生恐惧。"我可以十分清楚地听到自己的心跳和呼吸声，现在想起这种感觉，我依然感到难受。"

无论如何，这段珍贵的经历永远铭刻在他心中："每每想起在太空中见到的一切，我就会心跳加速，呼吸困难。"

激烈的美苏航天竞赛

列昂诺夫走入太空的一幕，是美苏冷战这部"连续剧"中的一个小高潮。彼时，两国在各个领域展开了激烈角逐，自然而然地催生了一场"太空竞赛"。两国相继将各自的人造卫星送入太空后，载人航天便成为它们的下一个目标。

1961年4月12日，尤里·加加林乘坐苏联"东方1号"飞船进入地球轨道，成为人类历史上首位名副其实的宇航员。此后仅23天，美国人艾伦·谢泼德就乘坐"自由7号"重演了加加林的成功。以微小的差距输给苏联，让在太空竞赛中落后的美国倍感焦躁。

此后不久，华盛顿就公布了"阿波罗计划"的宏大蓝图；几乎同时，时任苏共第一书记赫鲁晓夫也发话，要求苏联在航天事业上取得更大成就。随着美苏航天竞赛趋于白热化，如何"让人类像水手遨游大海一样徜徉太空"，被双方决策者不约而同地提上日程。

如今看来，在这场竞赛的前半段，苏联一度领先。当美国人还在为太空行走做准备工作时，列昂诺夫和同事帕维尔·贝尔亚耶夫就已乘坐"上升 2 号"载人宇宙飞船飞向了苍穹。

苏联"航天之父"谢尔盖·科罗廖夫"钦点"了当时刚到而立之年的列昂诺夫，相信他有能力完成太空行走的神圣使命。"在几次模拟飞行中，我的得分都很高，我还懂得绘画，这种技能在航天领域并不多见。"列昂诺夫如此解释自己脱颖而出的缘由。

美国《时代周刊》这样描述列昂诺夫："来自西伯利亚煤矿区的他，也许从一出生就注定是个传奇。"列昂诺夫的妈妈有 9 个儿女，因此荣获"光荣母亲"勋章。长大后的列昂诺夫早早加入共青团，考上飞行学校，完成了 115 次跳伞，进而成为苏联最早的一批航天精英。

太空漫步背后险象环生

尽管列昂诺夫足够优秀，但进入太空的实际过程依然充斥着不确定性。在"上升 2 号"发射前夕，经过 18 个月强化训练的列昂诺夫正踌躇满志，却得知飞船可能有点问题。此时，摆在他面前的只有两个选择：继续等待 9 个月，或者坐上有缺陷的飞船"拼一把"。

当时，美国的太空行走计划已进入最后阶段，苏联没有多少时间可以浪费。"我们选择了后者，这与勇气无关，我只知道自己必须这么做。"列昂诺夫告诉记者。

1965 年 3 月 18 日 10 时，"上升 2 号"顺利点火升空，不久便进入既定轨道，开始自由飞行。时不我待，全身披挂的列昂诺夫小心翼翼地打开气闸舱的舱盖，由一条 15.35 米长的特制安全带拴着，踏出了人类迈向太空的第一步。

辉煌壮丽的宇宙让列昂诺夫有些迷失，而当他冷静下来，一连串麻烦接踵而至。他发现，出舱后的气压差令宇航服急骤膨胀，他说："8分钟后，我明显感到宇航服的变化……我的指尖感受不到手套的存在，我的脚在靴子里晃荡，我甚至无法按到相机的快门。"

飞船一点点接近日落轨道，宇航员必须在暗夜降临前返回。然而，肥大的宇航服将他卡在了舱外。知道时间紧迫，列昂诺夫飞快地计算一番，果断调低了宇航服内部的压力。

"所有可能的后果我都知道，可当时我别无选择。"列昂诺夫说，按规定，他该向莫斯科地面控制中心报告自己的一举一动，但为避免引发恐慌，他并没这么做，"那种情况下，没人能帮我。"

好不容易挤进舱门，另一个问题又来了。由于事出仓促，列昂诺夫让自己的头，而不是脚先进入舱内，他需要把自己"掉过来"。这个在地球上再简单不过的动作，到了太空里却成为严苛的考验——膨胀的宇航服几乎将船舱塞满，最后，列昂诺夫只得再次冒险调低宇航服内的压力，用尽全身力气，才将舱门复位。

不难想象，短短12分钟里，列昂诺夫承受了多大的心理和生理压力。他告诉记者："我平时很少出汗，但那天我的体重减了5.4千克，每只靴子里灌进了3升汗水。"

即便险象环生，他还是很快忘记了疲惫。因为，飞船里的同伴正兴奋地向地球报告：人类已走进太空！

赞美同样来自对手

迈向太空的一小步有惊无险地完成，接下来该回地球了。列昂诺夫曾著书描述惊心动魄的着陆过程——失重令飞船疯狂旋转，定位系统也罢工了，飞船不得不由人工操控着陆。

最终，他们安全降落在哈萨克斯坦附近的原始森林里。"我们在森林中等了 3 天才被救出来。苏联电台的报道则称，我们回到地球后就直接去度假了。"列昂诺夫说。

无论过程如何曲折，列昂诺夫的凯旋意味着，苏联先于美国 10 个星期完成了人类历史上首次太空漫步。回到莫斯科，列昂诺夫成为英雄，收获了震耳欲聋的欢呼和无限的荣耀。

对手也毫不吝惜地将赞美之词赠予这位遨游九霄的勇士。美国媒体在 1965 年的报道中写道："列昂诺夫在太空中行走了 12 分钟，却为轨道飞行器赋予了终身的寿命。"

在美苏"太空竞赛"的后半程，列昂诺夫没有再度上天，苏联的领先地位似乎也不复存在。美国人后来居上，尼尔·阿姆斯特朗于 1969 年 7 月 21 日将足迹留在了月球上。

1970 年，曾和列昂诺夫并肩奋战的贝尔亚耶夫英年早逝，但列昂诺夫依然希望自己能为航天事业贡献力量。又过了 5 年，他在美国"阿波罗号"和苏联"联盟号"飞船的联合飞行中出任指挥官，这是航天领域的首次国际合作，实现了从不同地点发射的航天器在太空中的对接。

这一历史性时刻，标志着 20 世纪 50 年代末以来的美苏"太空竞赛"告一段落。此后，为表彰列昂诺夫的贡献，国际航天组织用他的名字，为月球背面的一座环形山命名。

后来，因乌克兰问题而愈发紧张的国际关系令"美俄将重回冷战"的说法甚嚣尘上。然而，当记者问及列昂诺夫如何看待乌克兰问题时，老人只是平静地回答："在宇航员眼中，'边界'是不存在的，这个词只存在于政治家脑中，我们看到的只有整个地球。"

夜空为什么是黑的

陈　默

　　有时，天文学中最简单的问题却是最难回答的。夜空为什么是黑暗的？你会说：因为太阳下山了。但是还有恒星在闪耀啊。如果宇宙是无限的，充满着无数颗恒星，那么夜晚将和白天一样明亮。这种理论和观测之间的矛盾被称为"奥伯斯悖论"。

　　奥伯斯是19世纪德国的一位天文学家，也是一位医生。他白天行医，晚上就观察星星。他发现了5颗彗星，并提出了彗星尾形成理论。

　　奥伯斯指出，按照静止、均匀、无限的宇宙模型，天空中散布着无数个均匀分布的发光恒星，尽管距离越远、单个恒星的亮度越小，但考虑到所有星光在宇宙中任一点的光照总和，以及近距离恒星对后面星光的遮掩效应，整个天空就和太阳一样明亮，而实际上夜空却是黑的。

理论与实际观察结果就是这样矛盾。简单地说，黑夜应是白夜。

为了解决奥伯斯悖论，天文学家提出了多种理论加以解释，但都不能自圆其说。

有的天文学家认为，星空中存在着吸光物质，物质吸收了来自恒星的星光，使天空黑了下来。但实际上，空间中的吸光物质无法使夜空变暗。物质在遮挡光线的同时，也会被光线所加热，进而发光，它们将会和恒星一样明亮。这就像大雨中的树，起先叶子还能保护地面不受雨淋，可是不久雨水便会从叶子上滴落下来，最终地面还是会湿的。有人则认为奥伯斯的理论是根据恒星均匀分布在宇宙中计算出来的，而实际上恒星分布并不均匀，有的星区恒星多，有的星区恒星少。

因此，在宇宙中存在亮区和暗区，而地球就处在暗区，所以天空是黑的。还有天文学家用大爆炸理论解释这一现象，认为大爆炸后出现了许多星云，逐渐凝聚成各种天体，宇宙不断向外膨胀，大量恒星远离地球而去，这些恒星的光也不能到达地球。所以，在地球上看到的星空是黑的。似乎，这些理论都有道理，但又不能很好地解释奥伯斯悖论。

令人惊讶的是，第一个为奥伯斯悖论给出最合理解释的不是装备齐全的天文台的天文学家，而是一位著名的美国诗人——爱伦·坡。

爱伦·坡认为，之所以遥远恒星的光没有照亮星空是因为它们还没有到达地球：我们无法看到比宇宙更远的地方。用现在的话讲，我们无法看到150亿光年之外的东西。所以，黑暗的夜空是宇宙诞生的证据。

1901年，物理学家开尔文对这一解释进行了量化，开尔文的计算表明，若要夜空变得明亮，我们至少要能看到数百万亿光年远的范围。由于宇宙的年龄现在远小于1万亿光年，所以夜空是黑的。

从爱伦·坡开始，天文学家已对黑暗的夜空有了一个正确的解释：

宇宙还太年轻。1964 年，天文学家哈里森发现了另一个可能正确的解释：宇宙拥有的能量太少。哈里森计算表明，若要照亮夜空，可观测宇宙需要的能量为现今的 10 万亿倍——每颗恒星的发光度要上升 10 万亿倍，或者恒星的数目要增加 10 万亿倍。另外，恒星不可能永生，就算宇宙无限老，夜空仍旧是黑暗的，原因是恒星总是会死亡的。

爱伦·坡和哈里森的解释为夜晚的黑暗上了双保险——宇宙太年轻而且能量不足。点亮整个宇宙就像是用一根蜡烛花 1 小时来加热一幢房子：1 小时太短了，即使你能等更长的时间，可是在完成这项任务前，蜡烛也已燃尽了。

等待"飞天"的日子

陈诗笺　高　达

这是一个关于等待的故事，并且等待仍遥遥无期。随着新一代航天员的入场，现年 53 岁的邓清明能够"飞天"的希望已经越来越渺茫。但他始终坚信，付出必有回报。

最近的一次

邓清明在充满轰鸣声的飞船里醒了。他的耳塞掉了，噪音涌进耳朵，四周一片亮堂堂。那一瞬间他有些茫然，记不清楚这已经是他进来的第几天。

这是一个仅有 20 平方米的空间，里面有两个人，邓清明和陈冬，他们要在里面待 33 天，吃喝拉撒睡和工作，都在这里。几个月前就做好的食物,加热了就是一顿饭。擦一擦身体就算洗了澡。明晃晃的灯一直开着,机器一直在响,厕所的臭味一阵一阵地飘过来。

空间逼仄带来的压抑是不断累积起来的,许多宇航员在这个过程中患上了"狭小空间游离症"。为了转移注意力,邓清明和陈冬在里面说起了故事。

33 天后,他们出舱了。这不是"飞天",只是在位于北京航天城的模拟舱进行最终"飞天"的模拟实验。出舱那天,是 2016 年 6 月 11 日,叶子绿了,夏天来了。邓清明想好好洗个澡,然后吃一块西瓜。

4 个月后的 10 月 16 日,陈冬成为"神舟十一号""飞天"的最终人选,而比他大 12 岁的邓清明以零点几分之差成为"备份",这已经是第三次了。

他依然记得 3 年前,执行"神舟十号"任务时,女儿邓满琪正在酒泉卫星发射中心代职,他则作为任务"备份"乘组成员入住问天阁。由于航天员乘组要在飞行前进行医学隔离,父女二人约定,每天晚饭后,隔着问天阁的围栏见一面。

父亲在围栏里,女儿在围栏外,相距 10 多米。每次道别时,女儿总是说:"爸爸,你要加油啊!"一次分别后,他从女儿的背影中,感觉到她哭了。他也想哭。

这一次,他还需要等待。

11 月 18 日,"神舟十一号"飞船返回舱成功着陆。迎接景海鹏和陈冬的是无数关注的目光,连围观的牧民都为自己能够目睹这一切感到幸运。

而属于邓清明的欢迎队伍只有两个人。从酒泉返回北京的那一天,女儿邓满琪和妻子一起去机场接他。她们在家里备好了一桌饭菜和红酒,带去了鲜花。妻子还特意穿上了红色的衣服,笑容满面。

回到北京的家里，航天员邓清明走进卫生间，打开水龙头，水流声盖住了他的哭声。在之后的一些场合，他不断地表示，这是他最接近太空的一次。那一年他50岁，距离1998年入选为航天员，已经过去了18年。

消失的人

这是一个会在日常生活中"消失"的职业，是否能够"飞天"都不会改变这一点。

1997年底，中国第一批航天员来到北京航天城，在花了一周时间收拾完航天员家属楼后，他们才知道，原来自己不能和家人一起住在这里。

他们搬去了另一栋神秘的"红房子"，那是航天员公寓。包括邓清明、杨利伟在内的14名航天员都住了进去。他们距离市中心只有20多千米，距离家人只有一个院落的距离，却像隐居一样，与世隔绝。

士兵严密把守，外人不得入内，一周五天都是如此。进出公寓都要拿交钥匙，登记时间，专车接送，专人护送。他们不能在外面吃饭，不能私自外出，即使是集体出行，也必须坐火车，且不能坐同一列火车。

在航天员之外，他们大多还担任了父亲的角色，但总是没办法见证孩子的成长。邓清明的女儿邓满琪小时候喜欢看天，因为只有一直盯着天空看，才可以在飞机经过的时候第一眼看到。在她看来，飞机就是爸爸，爸爸就是飞机。

由于不能暴露身份，对亲属之外的人来说，他们的缺位更像是一种"失踪"。可是一旦成功"飞天"，这些航天员的存在感并不亚于当红的明星。杨利伟是第一个，也是收获最多瞩目的一个。

邓清明从未"飞天"过，当红不是他的烦恼。如果你在搜索引擎里输入他们的名字，会发现已经"飞天"的航天员的搜索结果是百万级，其中以杨利伟最多：833 万个。而邓清明的搜索结果是万级：8.9 万个。

2006 年,他以微小分差落选"神舟六号"任务。飞船还在天上的时候,他难得有空参加女儿的家长会。那一天,恰好有记者到学校采访费俊龙、聂海胜的孩子,现场一片热闹。邓满琪也是航天员的孩子,但是没有人注意到她。

那个时候,女儿对他哭："为什么你总是上不了天啊？"他也没办法回答。这是不止需要天时地利人和的选拔,不是 B 角可以如愿走上舞台的励志故事。他只能挤出一脸笑,宽慰女儿："还有机会。"

等

对中国的航天员来说,等待是常态,那始于 1995 年。那年冬天,第一批预备航天员的选拔工作正式开始。

那次选拔的规模几乎是空前的。99% 的淘汰率,3000 多名参与初选的飞行员,为期半年的初选体检,长达两年的筛选,层层淘汰,最终只留下了 14 个人。邓清明是其中一个。

24 年后的今天,当年的 14 个人中有 8 个完成了"飞天",5 个停航停训,剩下唯一一个现役且没飞过天的,就是邓清明。

但在当时,他并不知道这是一场未知的等待。任务很多,他们要在四五年内完成八个大类、上百个科目的学习和训练。

训练的辛苦甚至痛苦是常态,它们被描述过很多次了。头低位卧床训练时,他们要连续 5 天呈 -6° 卧姿,头低脚高,还要控制饮食进水量、清洁个人卫生。模拟失重训练结束后,他们普遍会轻上四五斤。心理训练要考验他们承受疲劳和寂寞的能力,整整 72 个小时只能工作不能睡觉。高速离心机把他们的五官挤压到变形,有航天员找到拍下离心机训练镜头的记者，恳请他不要让画面出现在电视上，担心父母看到会受不了。高强度的训练结束后，邓清明身体僵硬，手会抖，想吃饭，夹起的菜能被抖到地上。

休息日没有了，睡眠也要压缩，没有娱乐活动。很多人从进入航天城的那一日起就没出去过，北京和以前一样遥远而陌生。

"神舟十号"任务后不久，邓清明在一次常规体检中查出了肾结石。这是中年人的常见病，结石很小，也不用做什么处理。但航天员不行，一点点微小的结石都可能在失重环境下造成严重后果。邓清明坚持做了两次超声波碎石手术，才把结石彻底处理干净。

邓满琪看着爸爸遭罪，心疼得直掉眼泪。邓清明后来说，为了"飞天"，再大的痛苦他也愿意承受。"已经等了16年，绝不能因为这几块小石头受影响。"

结果，3年后的"神舟十一号"任务，他又成了"备份"。"神舟十一号"发射前一天，最终"飞天"人选确定了，是景海鹏和陈冬。邓清明又一次止步于发射塔前。轮到他发言时，他停顿了一会儿，转过身，面向景海鹏，紧紧地抱住他说："海鹏，祝贺你。"景海鹏也说了句："谢谢你。"

整个问天阁大厅寂静无声，许多人流了眼泪。

付出必有回报

2010年，载人空间站工程正式启动，新的航天时代来临。新时代有新时代的要求，也需要新一代的航天员：既需要航天驾驶员，又需要航天飞行工程师和载荷专家；既要从空军现役飞行员中选拔，又要从航空航天工程技术和科研人员中选拔；既要选拔男性航天员，也要选拔女性航天员。

第二代的 7 名航天员都有本科学历，在 2010 年，他们最大的 35 岁，最小的 30 岁。第三代航天员尚未选出，而邓清明今年已经 53 岁了。

希望还是有的。尽管中国首批航天员满 50 岁就停飞了，但在全球范围内，高龄的宇航员也有先例：约翰·格伦是美国首位环绕地球飞行的宇航员。1998 年，"发现号"航天飞机发射，77 岁的格伦又一次参与了太空飞行。

邓清明依然在等。在他的自述里，有关这种等待的感受被叙述得非常平静："目送自己的战友一次次'飞天'成功，一次次载誉归来，说心里话，没有失落感是不可能的。为什么别人可以执行任务，而我不行呢？航天员是我的职业，身为一名航天员却没有执行过'飞天'任务，那不是我的失职吗？我一次次地问自己，但任务计划安排却没有给我太多时间整理负面情绪。""神舟十号"成功发射后，"备份"乘组的 3 名航天员马上收拾行李，准备返回北京航天城，为正在飞行的战友做地面支持工作。这时，任务总指挥长经过他们身边，用拳头在 3 名"备份"航天员肩上轻轻捶了两下，又竖起了大拇指。

2018 年，邓清明登上了央视《朗读者》的舞台。在那里，邓清明讲述了他苦等 20 年却依然没等来"飞天"的故事，让现场观众深受感动。有网友说："不论如何，在中国航天员的身上，我看到了中国航天事业的光芒。"同样在 2018 年，中国航天科技集团以全年发射火箭 37 次全胜的成绩，让中国成为全球年度航天发射次数最多的国家。航天员想要去的地方，就是我们未来的路。

从娘子关到宇宙的可行性报告

江寒秋

第一代"科幻迷"

2013 年 12 月 2 日，西昌卫星发射中心，"嫦娥三号"发射现场。

观看发射的有 3000 人左右，刘慈欣是其中之一。星空的寂静和现实的热闹让他有种莫名的感觉：火箭看上去似乎不是属于这个世界的东西，它将带着我们的精神飞离这平凡的群山。

2016 年 7 月 3 日，天眼主体工程完工现场，刘慈欣受邀见证这一"科幻"时刻。此时的他已经是雨果奖得主，他在《三体》中展示的降维打击、黑暗森林理论与壮丽图景和中国正在崛起的互联网创业英雄们意外地气质相投，成为当时的显学。

刘慈欣是一个标准的"理工宅男"，保留着一些"老干部"式的作风：戴着眼镜，穿着朴素得让人记不清颜色的衣服，喜欢玩游戏，不用微信，用电话和邮件与外界进行联系，成名之后仍生活在阳泉。但在幻想世界的成功如同一部推进器，将他不断推离自己的故乡、世界，成为聚光灯下的公众偶像。

刘慈欣，生于1963年，祖籍河南省信阳市罗山县，出生、长大在山西省阳泉市。直到现在，刘慈欣大部分时间仍待在阳泉。他在阳泉安家，女儿在阳泉上高中。

阳泉是一座煤城，大城市所具备的那种科幻气质，在这里并不浓厚。但就在这里，刘慈欣成为中国第一代"科幻迷"，科幻之路从这里开启。

"虽然晚清时期中国就有科幻小说了，但一直到20世纪80年代末都没有'科幻迷'这个群体。'科幻迷'和一般的文学爱好者不同，他们是很特别的一个群体，有自己的思考方式，有强烈的群体认同感。直到20世纪90年代，'科幻迷'才作为一个群体在中国出现。我就是中国第一代'科幻迷'。"

这个中国第一代"科幻迷"是如何养成的？那得从刘慈欣父亲藏在床底下的一大箱子书说起。儿时，刘慈欣常把父亲藏在箱子里的书一本本偷出来看。小学三年级时，刘慈欣第一次读到凡尔纳的《地心游记》，"出现了一种从未有过的感觉，就像是寻找了很久的东西，终于找到了，感觉这本书就是为我这样的人写的"。

作为狂热的"科幻迷"，刘慈欣做过的另一件想起来就觉得不容易的事情与电视剧《大西洋底来的人》有关。那个年代，电视机还没有普及每个家庭。刘慈欣就读的学校的传达室有一台电视机，但学生不可以随意出入传达室。于是，在中央电视台播出《大西洋底来的人》的那段日子里，每天吃过晚饭，刘慈欣都跑到学校的传达室门口，脚下踩着两块砖头，隔着玻璃窗看电视里播放的《大西洋底来的人》，硬是这样坚持着看完了几十集。

娘子关往事

1981年，刘慈欣考上了华北水利水电学院水利系的水工专业。

上大学时的刘慈欣依旧保持着阅读科幻小说的习惯。有一段时间，刘慈欣去北京的外文书店找科幻小说，但那里的书都是几十块钱一本，根本买不起，他只能带一本英汉词典过去站着看。那时候的书店不让顾客随便看书，看的时间长了，就会被店员驱赶。

大学毕业后，刘慈欣被分配到娘子关电厂。娘子关电厂距离刘慈欣的家乡山西阳泉约40千米，位于太行山脚下。

一个去那里拜访过他的记者这样记录："那里四面环山，16时天就黑了，距离最近的大城市阳泉仍有40分钟车程。不过因为运煤的大货车经常堵成长龙，甚至会堵上三天两夜，去那里最好坐火车。娘子关北面有一座小山和一片小湖，但是煤渣覆盖在树木与房檐上，天空时有阴霾。"一切的一切和刘慈欣小说里所描绘的浩瀚宇宙形成鲜明对比。

不过，对于这种"偏僻"认知，刘慈欣并不认可。他说："这个地方并不偏，它是一个中央企业，是山西省最早有互联网的地方。这里的生活条件很好，交通也很便利。"

资料显示，娘子关电厂曾作为战备电厂，保障河北、北京等地用电。它不仅是山西省主力发电厂之一，也是华北电网的枢纽电厂之一。

他在那座发电厂担任计算机工程师，从网上可以搜到他当时发表的两篇论文：《火力发电厂燃料管理软件介绍》《发电厂大修工程网络进度计划管理软件》。

国有发电厂，工作相对清闲。在一次采访中，他说："在电力系统工作，你必须按时去上班，必须坚守岗位。在坚守岗位的时候，就可以在那里写作了，我的相当一部分作品都是在这个工作岗位上写的。"刘慈欣直言，"因为在岗位上写作，总有一种占公家便宜的感觉。"

在娘子关电厂工作期间，刘慈欣完成了许多部重要作品，包括被视为"中国科幻文学里程碑式作品"的《三体》三部曲。

2007年，娘子关电厂一座在扩建工程中需拆除的建于1964年、高100米的钢筋混凝土烟囱轰然倒下，标志着老发电厂完成其历史使命。厂内1、2号机组于2007年5月底关停，3、4号机组于2009年3月底正式关停。

老发电厂的关停对刘慈欣的作品色调产生了影响。

2015年，刘慈欣曾在采访中回应"为何2010年之前的作品色调都很阳光，2010年之后的作品色调则变得忧悒"，这一转变与娘子关电厂的命运息息相关——"因为2009年是娘子关电厂按照国家节能减排相关政策关停的年份。在此之前，发电厂的工作是个铁饭碗，收入很稳定，可以说是衣食无忧，没有任何压力。但是2009年关停后，发电厂需要搬迁，员工面临分流安置，竞争一下子变得激烈了。工作上的巨大变动影响了我的创作心理，体现在作品上就是色调变得沉郁"。

刘慈欣说，搬迁的消息一传出来，企业里面的氛围马上不同了，"电厂本来有2000人，新建一个大发电厂，只能容纳400人，剩下的1600人去哪儿？在这个氛围之下，《三体》的风格就变得有些阴暗，生存竞争就浮出水面了"。

离开娘子关电厂后，刘慈欣的人事关系落在了阳泉市文学艺术创作研究室。

另一个世界：人与未知的相遇

或许是因为工程师的出身背景，刘慈欣的科幻作品更多地呈现出对技术的极度崇拜。

2007 年"中国国际科幻·奇幻大会"举办期间，在女诗人翟永明开办的"白夜"酒吧，刘慈欣和著名科学史学者江晓原教授之间有一场十分精彩的论辩。刘慈欣的旗帜很鲜明："我是一个疯狂的技术主义者，我个人坚信技术能解决一切问题。"

放眼全世界，敢这样直接亮出底牌的人不多，在中国就更少。刘慈欣举了一个例子：假设人类将面临巨大灾难，在这种情况下可否运用某种芯片技术来控制人的思想，从而更有效地将大家组织起来，面对灾难。

刘慈欣科幻小说的魅力，更来自他独特的美学追求和艺术风格。在中国新科幻作家中，刘慈欣被称为"新古典主义"作家，这可能不仅是指他的作品具有英美"太空歌剧"或苏联经典科幻那样的文学特征，也因为他的作品场面宏大、描写细腻，甚至令人感受到托尔斯泰式的史诗气息：对大场面的正面描写、对善恶的终极追问、直面世界的复杂性，但同时留有对简洁真理的追求。

刘慈欣最喜欢的作家是英国科幻作家阿瑟·克拉克。他这样描述自己读完克拉克小说后的感受："突然感觉周围的一切都消失了，脚下的大地变成了无限伸延的雪白光滑的纯几何平面。在这无限广阔的二维平面上，在壮丽的星空下，就站着我一个人，孤独地面对着这人类头脑无法把握的巨大的神秘……从此以后，星空在我的眼中是另一个样子了，那感觉像离开池塘看到了大海。这使我深深领略了科幻小说的力量。"

刘慈欣自称他的全部写作都是对克拉克的模仿，这种虔敬的说法也道出他从克拉克那里学到的经典科幻小说母体情节的意义——人与未知的相遇。刘慈欣在自己的作品中企图做到的，正是如克拉克那样写出人面对强大未知时的惊异和敬畏。

在《三体Ⅲ：死神永生》中，刘慈欣描绘了太阳系的末日。来自未知世界的高级智慧生物"歌者"，飞过太阳系边缘时，抛出一个状如小纸条的仪器——"二向箔"，它更改了时空的基本结构，整个太阳系开始从三维跌落到二维平面之中。太阳系逐渐变成一幅巨细靡遗的图画。他的科幻想象包容着全景式的世界图像，至于有多少维度，甚至时空本身是否存在秩序，在这里并不重要。关键在于，它巨大无边，同时又精细入微，令人感到宏大辉煌、难以把握的同时，又有着在逻辑和细节上的认真。

来自刘慈欣科幻世界的逼真感与奇幻性的并存，以及凭借一种不折不扣的细节化的"写实"塑造出的超验的"崇高"感受，打破了通常意义上的写实成规。

比如刘慈欣早期的两篇小说《微观尽头》《宇宙坍缩》，以激进的科学推理为支撑，展示出的宇宙更加奇异。前者写夸克撞击之后，宇宙整个反转为负片；后者描写宇宙从膨胀转为坍缩的时刻，星体红移转为蓝移，但更不可思议的是，时间开始逆转，连人们说的话都倒过来了——在那个世界里，以上复述应呈现为这个样子：了来过倒都话的说们人连，转逆始开间时，是的议思可不更但……这样的例子在刘慈欣的小说中比比皆是，甚至在《三体》这样的鸿篇巨制中，宇宙规律本身的更改也成为支撑情节的重要支点。

可以说，刘慈欣在科幻天地里，是一个新世界的创造者——以对科学规律的推测和更改为情节推动力，用不遗余力的细节描述重构出完整的世界图像。正是在这个意义上，刘慈欣的作品具有创世史诗色彩。

在幻想世界里，刘慈欣冷酷地为人类世界设计了种种极端的绝境。在现实生活中，他延续着之前的生活节奏，并且心平气和地承认："我都40多岁了，生活也不会再有什么太大的改变。"

唯一改变的是，如今的刘慈欣，每天都要跑步10多千米。"我是在为登上太空做准备。"刘慈欣说。现在私人上太空，人均花费是2000万美元。他觉得如今科技发展迅速，在他有生之年，其价格一定会降到他能接受的范围。

在过去，夜晚降临时，女儿写完作业、上床睡觉之后，关上书房的门，他才能短暂进入自己的科幻世界。而如今，他很长时间没有发表新作品了，他的大部分精力都放在了相关电影作品上。

他努力描绘着曾经的情形："一个平凡普通的人，以想象为翼，让思想在寒冷的冬夜飞过万家灯火。"

回望钱学森

卞毓方

经典形象

　　一次乘火车去济南，我手捧一册《钱学森学术思想》打发时光，这是一册难啃的大部头，且不说学识宏富，包罗万象，光那 600 多页密密麻麻的文字，翻起来就令人头晕。我的邻座，一位 40 来岁的汉子，似乎也对这书满怀兴致。我拿眼瞄他，他拿眼瞄书。我停止阅读，问："你知道钱学森吗？"他答："知道一些。""说说看，你都知道些什么。"我立刻进入即兴调查。汉子清清嗓子，说："我也是从报上看到的，钱学森地位高，家里用着炊事员。一天，炊事员对钱学森的儿子钱永刚讲，你爸爸是个有学问有文化的人。他儿子听了，觉得好笑，心想，这事还用你说？

炊事员不慌不忙，接着讲，你爸爸每次下楼吃饭，都穿得整整齐齐，像出席正式场合，从来不穿拖鞋、背心。明白不？这是他看得起咱，尊重咱。钱学森的儿子听罢一愣，懂得炊事员是在敲打自己。报道没说这事发生在哪一年，钱学森的儿子当时几岁，反正，他儿子听了炊事员的话，从此就向父亲学习，每逢去餐厅吃饭，必穿戴得整整齐齐。"

还有一次，是在中国科学院一位朋友的办公室。我去时，朋友在欣赏一卷《钱学森手稿》。我说是欣赏，他眼中流露的正是这样的目光。

这一套手稿，分两卷，500多页，是从钱学森早期的手稿中遴选出来的。朋友说，这里面还有个故事。1935—1955年，钱学森在美国待了20年，留下大量的科研手稿。钱学森有个美国朋友，也是他的同事，就把那些手稿收集起来，到了20世纪90年代又把它完璧归赵，送还给钱学森。现在，我们看到的就是其中的一部分。我拿过来翻了翻，与其说是手稿，不如说是艺术品。无论中文、英文，大字、小字、计算、图表，都工工整整，一丝不苟，连一个小小的等号，也长短有度，中规中矩。钱学森的手稿令我想到王羲之的《兰亭序》，张择端的《清明上河图》，进而想到他唯美的人格。如是我闻：在美国期间，钱学森仅仅为了解决一道薄壳变形的难题，研究的手稿就累积了厚厚一大摞，在工作进展到500多页部分，他的自我感觉是：不满意！直到800多页时，才长舒一口气。他把手稿装进牛皮纸信封，在外面标明"最后定稿"，继而觉得不妥，又在旁边添上一句："在科学上没有最后！"

对我来说，印象最为深刻的，是他如下的几句老实话。回顾学生时代，钱学森明白无误地告诉人们："我在北京师范大学附中读书时算是好学生，但每次考试也就80多分；我考取上海交通大学，并不是第一名，而是第三名；在美国的博士口试成绩也不是第一等，而是第二等。"

　　80多分，第三名，第二等，这哪里像公众心目中的天才学子！然而，事实就是事实，钱学森没有避讳，倒是轮到世人惊讶，因为他们已习惯了把大师的从前和卓越、优异画等号。钱学森的这份自白，同时也纠正了一个误区：一个人的成才与否，跟考试成绩并不成绝对正比。不信，可去查查当年那些成绩排在钱学森前面的同学，做些比较分析。

　　钱学森的天才是不容置疑的。根据已故美籍华裔女作家张纯如的采访，麻省理工学院的学子曾对他佩服不已。有一回，钱学森正在黑板上解一道十分冗长的算式，有个学生问了另一个与此题目无关、但也十分难的问题，钱学森起初不予理会，继续在黑板上写满了算式。"光是能在脑袋中装进那么多东西，就已经够惊人了，"一位叫哈维格的学生回忆，"但是更令我们惊叹的是，他转过身来，把另一个复杂问题的答案同时也解答出来！他怎么能够一边在黑板上计算一个冗长算式，而同时又解决另一同样繁复的问题，真令我大惑不解！"

　　天才绝对出自勤奋。钱学森在加州理工大学的一位犹太籍的校友回忆："有一天一大早——是个假日，感恩节或圣诞节——我在学校赶功课，以为整栋楼里只有我一个人，所以把留声机开得特别响。还记得我听的是《时辰之舞》。乐曲进入高潮时，有人猛力敲我的墙壁。原来我打扰到钱学森了。我这才知道中国学生比犹太学生更用功。后来他送我几份他写的关于近音速可压缩流体压力校正公式的最新论文，算是对曾经向我大吼大叫聊表歉意。"钱学森在麻省理工学院的一位学生麦克则回忆：钱学森教学很认真，全心全意放在课程上。他希望学生也付出相同的热忱学习，如果他们表现不如预期，他就会大发雷霆。有一次，他要求麦克做一些有关扇叶涡轮引擎的计算，麦克说："我算了好一阵子，但到了午餐时间，我就吃饭去了。回来的时候，他就在发脾气。他说：'你这是什么样的科学家？算到一半竟敢跑去吃中饭！'"

关于归国后的钱学森，这里补充两个细节。你注意过钱学森的履历表吗？他先担任国防部五院院长，然后改任副院长。这事不合常规，怎么官越做越小，难道犯了什么错误？不是的。原来，钱学森出任院长时，只有 45 岁，年富力强，正是干事业的好时光。但是院长这职务，按照现行体制，是一把手，什么都得管，包括生老病死、柴米油盐。

举例说，要办一个幼儿园，也得让他拨冗批复。钱学森不想把精力耗费在这些琐事上，他主动打报告，辞去院长职务，降为副院长。这样一来，他就可以集中精力，专门抓业务了。钱学森晚年与不同领域的后辈有过多次学术合作，在发表文章时，他常常坚持把年轻人的名字署在前面。这种胸怀与情操，在当代，很少有人能与之匹敌。

鲜为人知的一面

在张纯如的笔下，钱学森有着十分粗犷而任性的另一面。譬如说，20 世纪 40 年代初，钱学森在加州理工大学为一批攻读硕士学位的军官上课。他当年的学生回忆，他上课总要迟到几分钟，正当大家猜测他今天是否会缺席时，他快速冲进教室，二话不说，抓起粉笔就在黑板上写开了，直到用细小而工整的字迹，填满所有的黑板为止。有一次，一个学生举手说："第二面黑板上的第三个方程式，我看不懂。"

钱学森不予理睬。另一个学生忍不住发问："怎么，你不回答他的问题吗？"钱学森硬邦邦地说："他只是在叙述一个事实，不是提出问题。"又有一次，一个学生问钱学森："你刚提出的问题是否万无一失？"钱学森冷冷地瞪了他一眼，说："只有笨蛋才需要万无一失的方法。"钱学森教学，没有小考、大考，也不布置家庭作业。课后，学生只能绞尽脑汁地温习课堂笔记，那都是纯数学，一个方程式接一个方程式。期末考试，钱学森出的题目极难，全班差不多都吃了零蛋。学生有意见，找上级的教授告状。钱学森对此回答："我又不是教幼儿园！这是研究所！"

数年后，钱学森转到麻省理工学院，为航空系的研究生开课。在那儿，学生的回忆同样充满恐怖色彩。诸如，人人知道他是个以自我为中心的独行客；他在社交场合总显得惴惴不安，学生觉得他冷漠高傲；他总是独来独往，不答理人，学生都不喜欢他；他非常冷淡，没有感情；他是学生见过的最难以亲近而惹人讨厌的教授，他好像刻意要把课程教得索然无味，让学生提不起兴趣似的，他是个谜，既不了解他、也没兴趣去了解；钱教授作为一个老师，是个暴君；大多数学生不了解他，甚至怕他，起码有一个相当不错的学生，是被他整得流着眼泪离校的。

还有更加不近人情的描述：钱学森在校园中是个神秘人物，除了上课，教师和学生都只偶尔在古根海姆大楼跟他擦肩而过。他总把自己关在研究室里，学生跑去请教问题，他随便一句"看来没问题嘛"，就把他们打发走。有时他完全封闭自己，不论谁去敲门，哪怕是事先约好的，他也会大吼一声："滚开！"

以上细节，恐怕都是真实的，因为张纯如写的是传记、不是小说，她经过扎扎实实的采访，所举的事例都出于当事者的回忆。但这样的细节，很难出自我们记者的笔下，不信你去翻看有关钱学森的报道，类似的描述，保证一句也没有。多年来，我们的思维已形成了一种定式，表现科学家、出类拔萃的大师，照例是温文尔雅、和蔼可亲、平易近人、循循善诱等。千人一面，千篇一律，苍白得可怕，也枯燥得可怕。大师就是大师，无一例外充满个性色彩。因此我说，张纯如笔下的钱学森，其实更加有血有肉，生气充盈，因而也更加惹人喜爱。

监狱里的物理学家

小　蓟

这事儿听起来像个小说。

一位美国大学教授，在网上碰到了一个比基尼模特。一来二去，模特告诉他，她已经厌倦了展示比基尼，厌倦了男人的目光，她想要个家、要个孩子。而教授已离婚3年，饱尝了孤独的滋味，想要个妻子……教授提出跟模特见面，模特没有拒绝。刚好，模特正在南美拍摄，两人约好在玻利维亚的拉巴斯岛见面——事情看上去如此顺利，以至于教授甚至乐观地把车停在了机场。

机票是模特订的，从加拿大转机到玻利维亚。然而，在转机途中，教授发现自己的机票——模特帮他买的电子票，意外失效。最终，到达玻利维亚已是4天后，模特已经跟着拍摄团队到了欧洲。她决定帮教授

黎 青 图

买票到她正在拍摄的欧洲小城。机票很快买好了，从玻利维亚到阿根廷再到欧洲，并附带了一个小条件，希望教授帮她把"遗漏"在玻利维亚的一只手提箱带过来。

当晚，一个穿着严实、看不清面目的男人，在昏暗的路灯下交给教授一只手提箱。教授发现，箱子不是"LV"也不是"爱马仕"，只是个普通的黑色衣箱，还是空的。模特告诉他：手提箱对她有重大的"纪念意义"。教授把自己的脏衣服装进皮箱，上了飞机。在布宜诺斯艾利斯机场安检时，他被带到了办公室，几个警察逮捕了他，因为模特的箱子中藏着可卡因，重2千克。

这故事听起来曲折有趣，但它不是故事，它是真的。物理教授名叫保罗·H.福莱姆顿，68岁，毕业于牛津大学，曾多次与物理学诺贝尔奖得主共同工作，是北卡罗来纳大学的理论物理教授，在业内声誉卓著，主要研究粒子、宇宙、暗物质。

事情发生在 2012 年 2 月—3 月，之后，保罗被关进阿根廷的拘留所，关在 40 人的大屋子里，与大批吸毒、贩毒者在一起。经过狱友的启发，保罗才意识到自己使贩毒集团损失了 2 千克可卡因，他开始害怕"贩毒集团会惩罚那些没完成任务的人"。

因为没有储蓄的习惯，保罗没有任何积蓄——这也许能解释为什么机票需要模特出钱。老头请不起私人律师，只能由政府免费提供的律师为他辩护。其间，北卡罗来纳大学曾想解聘他，终因终身教授群体的反对和几位诺贝尔奖得主的签名抗议信而作罢。

长达数月的审判，让保罗成了智商极高、情商极低的典型。他 50 岁的前妻出面作证："他的情商像个 3 岁小孩儿。"据说，与前妻离婚后，保罗把自己下个妻子的年龄调到了 20~35 岁，原因是这个年龄段的女性具有较强的生育能力。保罗找到模特的另一个理由是：他认为，作为一个聪明程度堪称人类前 1% 的科学家，与一位漂亮程度堪称人类前 1% 的美女结婚，是个门当户对的搭配。

法律流程漫长，几乎有 8 个月。其间，保罗坚持用监狱的电话指导博士生，坚持审稿，甚至还写了篇学术文章。10 月 22 日，他的文章在预印本网站上刊出，在文后的致谢中，他写道："感谢 Devoto 监狱为我提供了大量不受打扰的时间。"

11 月 19 日，庭审终于开始，保罗被判 4 年 8 个月有期徒刑。判决后，他对前去采访的《纽约时报》记者吐露了自己的愿望："我的理论能被实验证实。"那样，他就可以站上瑞典的领奖台，拿到奖金，请得起律师了。

保罗曾与 3 位诺贝尔奖得主进行过合作，迄今为止，只有 11 位理论物理学家做到过这一点，其中 6 人已获诺贝尔奖。他说："按照这个逻辑，我获得诺贝尔奖的概率大约是 55%。"

决断的胆识和勇气

崔鹤同

在中国的"卫星之父"孙家栋的传奇人生中，人们忘不了他的3次临危决断。

1967年7月钱学森点将，让38岁的孙家栋担任中国第一颗人造地球卫星"东方红一号"的总设计师。在"东方红一号"的研制过程中，在一次向周恩来总理汇报进展情况的会上，孙家栋说："总理，目前卫星的初样试验已经基本完成，可是正样卫星的许多仪器上都镶嵌有毛主席的金属像章，安装紧凑的卫星仪器可能会由于毛主席像章而导致局部发热，还会影响重量分配，使卫星运行的姿态受到影响，另外也会增加卫星的整星重量，使火箭的运载余量变小。"这既是一个科技问题，又涉及一个重大的政治问题。周恩来认真地听完了孙家栋条理清晰的汇报,神情严肃地说:"我们大家都是搞科学的,搞科学首先应当尊重科学,应该从科学的角度出发,把道理给群众讲清楚,就不会有问题。"1970 年 4 月 24 日,"东方红一号"卫星发射成功。

　　1974 年 11 月 5 日,中国第一颗返回式遥感卫星即将发射,调度指挥的扬声器里传出洪亮的口令声:"1 分钟准备!"就在火箭托举着卫星即将点火升空的刹那,研制人员突然发现,卫星没有按照设定的程序转入卫星内部自供电。这意味着运载火箭如果发射,将会带着不能正常供电的卫星升空,送入太空的将会是一个重达 2 吨的毫无用途的铁疙瘩。千钧一发之际,孙家栋不顾一切地大喊一声:"停止发射!"因为这时如果按照正常程序逐级上报已经根本不可能了。发射程序虽然终止了,可孙家栋却由于神经高度紧张而昏厥了过去。处理完故障后,卫星和火箭重新进入发射程序。4 小时后,"各系统转内电"的口令再次发出,随着"点火"命令的下达,火箭在震耳欲聋的呼啸声中冲出了发射台……

　　1984 年 4 月 8 日,"长征三号"运载火箭携带"东方红二号"通信卫星在西昌卫星发射中心发射成功。然而,卫星在经变轨、远地点发动机点火进入地球准同步轨道,向预定工作位置飘移时,西安卫星测控中心通过遥测数据发现,装在卫星上的镉镍电池温度超过设计指标的上限值,如果温度继续升高,刚刚发射成功的卫星将危在旦夕。这时,孙家栋再次发出了打破常规的指令:"立即再调 5°!"同样,正常情况下这一指令需要按程序审批签字后才能执行。但情况紧急,各种报批手续都已经来不及了。工作人员在立即执行的同时,为了慎重起见,临时拿出一张白纸在上面草草写下"孙家栋要求再调 5°"的字样要他签名。他毅然拿起笔签下"孙家栋"3个字。天上的卫星执行了地面的指令后，热失控得到控制，终于化险为夷，保证了卫星的稳定运行。

这3次决断，留给我们的是一个科学大师成竹在胸、力挽狂澜的非凡的胆识和勇气。

科学院派出的科学使者

江　山

航天专家潘厚任保存了很多看起来不太重要的东西：一所中学孩子们的打分表，一所打工子弟学校孩子们画的画，还有各地学生写来的信。在信里，有人问候他的身体，有人请教他问题，比如"近地轨道空间将来会不会有饱和的趋势"。

中国科学院空间科学与应用研究中心的这位退休研究员，曾参与过中国第一颗人造地球卫星"东方红一号"的研制。现在，他的职业成就感来自另一个领域。

81 岁的潘厚任是中国科学院老科学家科普演讲团的成员。这个科普团成立于 1997 年，现有成员 60 人，平均年龄超过 65 岁，80 岁以上的 8 人。其中不乏曾经参与国家重大科技工程项目的专家。

截至 2017 年底，这些老科学家跑过 1600 多个县（市），举办了 2.3 万多场讲座，听众数量达到 820 万。

他们去过最多的地方是学校、政府、社区，也去过寺院和监狱。在山里的寺院，他们为僧人和信众讲解地震科学知识。他们在高墙内介绍宇航进展，吸引了很多见不到外面世界的服刑人员。他们还十分认真地回答听众有关外星人是否存在的问题。

潘厚任形容自己像永不停息做着无规则运动的微小粒子，是个"做布朗运动的老头"。只不过，他的"布朗运动"一直在科学的轨道上。

20 世纪 80 年代末，潘厚任作为中国航天专家代表访问美国时看到，著名的哈勃空间望远镜尚未发射，美国宇航局给学生的科普小册子就已准备好。美国规定科研经费必须抽出部分用于科普，这样的理念对他触动很大。

潘厚任的柜子中存着厚厚的一沓资料，都是他从各国收集来的航天科普材料。每次出国交流，他都特地去收集这些材料。几十年后，它们派上了用场。

每场讲座下来，学生都一窝蜂地围上来问问题，拉着他们合影、签名。2018 年还没到来时，这一年的演讲已经开始预约。还有学校把科普团到校演讲的事情写入招生简章。

一次，科普团去云南的一所山区学校讲课，本来说好只面向一个年级，但到了现场，校长红着脸问："机会难得，能不能让全校学生都来听讲？"最后，讲座被安排在操场上，台下坐了 2000 多人，学校还专门从教育局借了一个巨大的电子屏用来放映幻灯片。

但 20 年前，科普团刚刚成立时，迎接他们的还没有这么多鲜花和掌声。

时任中国科学院副院长的陈宜瑜找到刚退休的中国科学院新技术开

发局原副局长钟琪，希望她能牵头做些科普工作。为了借鉴经验，钟琪专门跑了北京的几个书店，但失望地发现，书架上科普书没几本，中小学教辅书倒是一大堆。

科普团成立不久，最早的成员之一、微生物学家孙万儒去武汉一所重点中学做科普报告，校长对他的要求是"只有1小时，多1分钟也不行"，连在场的学生读几年级都没告诉他。

钟琪下决心要做些改变。要让这个刚刚成立的科普团生存下去，首先要保证讲课质量。所有科学家走上科普讲台前都要试讲，"不管是院士还是局长"。每次试讲都有同行、老师、学生试听，并提问"开炮"。

1998年加入科普团的徐邦年毫不隐瞒自己差点被淘汰的经历。退休之前，他在空军指挥学院任教多年，成功通过试讲。但一出去讲课，还是控制不住场面，上面正讲课，下面嗡嗡响。慢慢地，他被请去上课的次数越来越少了。

徐邦年自己也着急，他深刻反思后，觉得是自己没有转变过去给研究生讲课的思路，太强调系统性，忽略了趣味性。于是他拉着老伴和几个朋友当观众，一次次听取反馈并做出调整，终于摸清了讲科普课的门道。

这些几乎伴随着国家科学事业一起成长的老人，把科普当成和研究一样严肃的事情。

潘厚任曾经拜托后辈帮忙整理上课时学生传给他的小纸条，上面的问题足有2000多个。

在潘厚任的邮箱里，一半以上的信件都是孩子们发来的，大多是孩子们的烦心事，关于家庭、感情、学习等问题。

"孩子们听了你一堂课，觉得你见多识广，信任你，才会给你写信。"潘厚任认认真真地一一回信。

科普团成员也不得不面对科学曾经遭遇的尴尬局面。科普团现任团长白武明记得，在重庆一所重点中学演讲时，一位打扮入时的教师为活跃现场气氛，拿起话筒问在座学生："长大了想当科学家的同学请举手。"白武明看到现场约 800 人，只有不到 20 只手举起。女教师着急了，又问了一遍，举起的手的数量仍没怎么变。

"以前大家的理想都是当科学家，现在这样的理想不多了。随着社会向更多元发展，大家的需求、追求不一样了，想当老板、明星的很多。"他有些无奈地说。

这样，科普团的成员在报告中不仅要讲科普知识，也要讲科学人生。

白武明去讲课时，总是被问"为什么走上这条道路"。在他看来这件事很简单，"就是因为兴趣才选择"。他说："我们做一场科普报告，不是为了传递多少知识，最重要的还是培养学生的兴趣。"

"布朗老头"潘厚任觉得，自己当年接触航天这个领域纯属偶然。高中时，他最喜欢的是机械制图课。受物理老师影响，他进入大学学习天文专业，后来成为"东方红一号"卫星总体设计组的副组长。

他喜欢探索世界。他用的是最时兴的超小型笔记本电脑，他会用各种各样新潮的电子产品武装自己。他是北京中关村 IT 产品市场的常客，每隔两三个月就去淘新货。

20 世纪 70 年代，潘厚任随着中国空间技术研究院下属的一个研究所迁往陕西，从事卫星仪器的研发。为了接收"山外"的消息，他拜托上海的朋友寄来材料，自己琢磨着组装了一台收音机。如今看来，这台收音机依然精致。

孙万儒也走过一条曲折之路。考入南开大学化学专业的他，毕业时却被分配到微生物所。如今，研究了大半辈子微生物学，已过古稀之年的他，在做科普讲座时更想传递点人生经验："我这一辈子从基础研究到应用基础研究，什么都干过，才有这么深的体会。"

"科学研究拿到的经费都是纳税人的钱，科学家用了这些钱，就有责任把研究成果以最通俗、最简单的方式告诉老百姓。"孙万儒说。

他用青霉素从被偶然发现到投入生产的故事，告诉正在面临专业抉择的高三学生，什么是基础科学，什么是应用科学。或者更通俗点，什么是"理科"，什么是"工科"。

在一所高中讲完一堂课，他发现一位物理老师竟流泪了。他有些诧异，对方告诉他："如果10年前我能听上这么一堂课，今天也许就不在这里了。"

这么多年下来，许多人担心这些老科学家身体吃不消。但科普团内未满80岁的成员都认为自己"还年轻"，他们愿意在这样的东奔西走中度过晚年生活。

在孙万儒看来，跟孩子们接触就是一种享受，孩子们提出的问题经常把他考倒。比如："地球上的病毒是什么时候诞生的？""生命的起源是什么？"其中大部分问题在科学界尚无定论。他坦诚地告诉学生自己答不上来，但鼓励他们"长大了去把它搞明白"。

他有些焦虑，"中国的生物学教育落后太多了"。很长一段时间里，生物学教育都未受到重视。很多人连细菌和病毒都分不清，得了病就吃抗生素。

在他看来，不仅是孩子，成年人也需要科普。一次，孙万儒被首都图书馆邀请去做讲座，讲"转基因能做什么"。在场的大多是中老年人，提的问题大都不是科学问题，而是社会上的谣言。"转基因在科学上没什么好争论的，社会争论的是另外一回事。"他说，"要把科学方法、科学思维教给老百姓，才是最重要的。"

2017 年 9 月起，全国小学从一年级开始开设科学课程，科普教育受到重视。老科学家科普团进行过"科学课"的调研，他们发现科学课通常没有专职教师，任课教师的素质良莠不齐，待遇也不高。他们开始为科学课出谋划策，想办法去拓展科学课老师的视野，"他们要炒菜，我们给他们加一两盘好菜"。

现在，社会上各种科普团队和活动多了起来。钟琪再去书店，密密麻麻的科普书籍让她看花了眼。这个由老科学家组成的科普团还是执着于办讲座的形式，"手机、上网，都代替不了面对面的沟通交流"。

年过八旬的潘厚任决定"鸣金收兵"，不再承担常规任务，只当团里的"救火队员"。当人手不足时，他就自己顶上。即使如此，在 2017 年，他还是外出讲了十几次。

尽管人手紧张，科普团严格选拔的传统依然延续下来。据白武明介绍，2017 年 11 月，11 位申请加入科普团的教授前来试讲，第一次一个人都没通过。一场试讲 20 多人评议，不说好话，主要是挑毛病，问题都很尖锐。

有些人面子挂不住，没再来，但更多的人选择"二战""三战"。在最近的一次选拔中，被接纳为新成员的，只有两个人。

飞蛾和星星

[美]詹姆斯·瑟伯

杨立新　冷　杉　译

从前，一只多愁善感的年轻飞蛾爱上了一颗星星。他把这件事告诉了妈妈，他妈妈奉劝他去爱桥上的一盏灯。

她说："你不可能跟一颗星星厮守，却可以绕着一盏灯盘旋。"

"这样的话，你就有地方可去了，"他爸爸说，"要是追求星星，你根本无处可去。"

然而，年轻的飞蛾并没有听从父母的劝告。每个黄昏，当那颗星星出现在天空时，他就动身朝星星飞去；每个黎明，他都因为这种徒劳无功的努力而筋疲力尽地缓缓飞回家。

有一天，父亲对他说："几个月下来，你连一只翅膀都没有被烧伤，在我看来，你的翅膀永远都不会被烧伤。你的所有兄弟在围着街灯飞时，翅膀都被严重烧伤；你的所有姐妹在围着房间里的灯旋转时，翅膀都被严重烤焦。快点儿，马上从家里出去，把你的翅膀烧焦！像你这样一只健壮结实的大飞蛾，身上居然没有一丝烤焦的痕迹！"

　　年轻的飞蛾离开了家，不过他并没有绕着街灯飞舞，也没有绕着房间里的灯盘旋。他一直尝试抵达那颗星星，尽管这颗星星距离他4.33光年，或者说距离他40×10^{12}千米，但是他认为那颗星星就像榆树梢儿那么容易被追赶上。他从来没能抵达那颗星星，然而，夜以继夜，他一直在努力尝试。

　　当他已经是一只很老的飞蛾时，他认为自己真的抵达了那颗星星，他也到处跟别人这样说。这给予了他持久而深远的快乐，他活到很老的年纪。他的父母、兄弟姐妹都在相当年轻的时候就被烧死了。

钱学森与蒋英

王文华

儿时一曲《燕双飞》

要谈钱学森和蒋英的爱情故事，得从他们的父辈谈起。

蒋英的父亲蒋百里，是民国时期著名军事理论家、陆军上将，也是著名文化学者，他著述宏富，以"兵学泰斗"驰名于世。

蒋百里与钱学森之父钱均夫早年都就读于浙江杭州求是书院（现浙江大学前身），18 岁那年，两人又以文字互契而结为好友，分别于 1901 年和 1902 年留学日本数年，一个学军事，一个学教育，回国后均居北京。因此，蒋、钱两家关系甚密。

蒋英是蒋百里 4 个女儿中最美最聪明的一个，只有一个独生子的钱均夫仗着同蒋百里的特殊关系，直截了当地提出来，要5岁的蒋英到钱家做他的闺女。

蒋英从蒋家过继到钱家是非常正式的，蒋、钱两家请了亲朋好友，办了几桌酒席，然后蒋英便和从小带她的奶妈一起住到了钱家。在蒋、钱两家的一次聚会中，钱学森和蒋英当着他们的父母，唱起了《燕双飞》，唱得那样自然、和谐，四位大人都高兴地笑了。蒋百里忽然明白了什么："噢，你钱均夫要我的女儿，恐怕不只是缺个闺女吧？"

其实，蒋百里也十分喜欢钱学森，他多次对钱均夫说："咱的学森，是个天才，好好培养，可以成为中国的爱迪生。"

钱学森和蒋英更没想到，儿时的一曲《燕双飞》，竟然成为他们日后结为伉俪的预言，也成了他们偕行万里的真实写照。

晚年的蒋英回忆起那段经历时说："过了一段时间，我爸爸妈妈醒悟过来了，更加舍不得我，跟钱家说想把老三要回来。再说，我自己在他们家也觉得闷，我们家多热闹哇！钱学森妈妈答应放我回去，但得做个交易：你们这个老三，长大了，是我干女儿，将来得给我当儿媳妇。后来我管钱学森父母叫干爹干妈，管钱学森叫干哥。我读中学时，他来看我，跟同学介绍，是我干哥，我还觉得挺别扭。那时我已是大姑娘了，记得给他弹过琴。后来他去美国，我去德国，来往就断了。"

琴瑟好合，羡煞朋辈

曾有记者在采访蒋英时，问起她与钱学森结合的经过。

记者："看来你俩的结合是双方家长的意思啦？"

蒋英："我父亲倒是有些想法。他到美国考察时还专门到钱学森就读的学校，把我的照片给他。"

记者："你俩之间谁先挑明的？"

蒋英："是他。他说：'你跟我去美国吧！'我说：'为什么要跟你去美国？我还要一个人待一阵，咱们还是先通通信吧！'他反复就那一句话：'不行，现在就走。'没说两句，我就投降了。我妹妹知道后对我说：'姐，你真嫁他，你不会幸福的。'我妹在美国和钱学森一个城市，她讲了钱学森在美国的故事：赵元任给他介绍了一个女朋友，让他把这位小姐接到赵家，结果他把人家小姐给丢了。赵元任说：'给他介绍朋友真难。'"

记者："您当时怎么想？"

蒋英："我从心里佩服他。他那时很出名，才 36 岁就是正教授，很多人都敬仰他。我当时认为有学问的人是好人。"

1947 年桂子飘香的季节，钱学森与蒋英在上海喜结鸳俦。此时蒋英已是才华横溢的音乐家，钱学森则是学识超群的科学家。

这年 9 月 6 日，钱学森与蒋英赴美国波士顿。他们先在坎布里奇麻省理工学院附近租了一座旧楼房，算是安家了。新家陈设很简朴。二楼一间狭小的书房，同时也是钱学森的工作室。起居间里摆了一架黑色大三角钢琴，为这个家平添了几分典雅气氛。这架钢琴是钱学森送给新婚妻子的礼物。

蒋英长期在德国学音乐，来到美国后，一时英语还不能过关。钱学森就抽空教她学英语，还不时用英语说一些俏皮话，逗得蒋英咯咯地笑。蒋英为了尽快地掌握英语，把几首德语歌曲翻译成英语，经常哼唱。因此，从这座小楼里时常传出笑语歌声。

钱学森的恩师冯·卡门教授谈到钱学森的婚姻时，也显得异常兴奋："钱现在变了一个人，英真是个可爱的姑娘，钱完全被她迷住了。"几年后，美国专栏作家密尔顿·维奥斯特在《钱博士的苦茶》一文中说："钱和蒋英是愉快的一对儿。作为父亲，钱参加家长、教员联合会的会议，为托儿所修理破玩具，他很乐于尽这些责任。钱的一家在他们的大房子里过得非常有乐趣。钱的许多老同事对于那些夜晚都有亲切的回忆。钱兴致勃勃地做了一桌中国菜，而蒋英虽也忙了一天来准备这些饭菜，却毫不居功地坐在他的旁边。但蒋英并不受她丈夫的管束，她总是讥笑他自以为是的脾性。与钱不一样，她喜欢与这个碰一杯，与那个干一杯。"

蒋英来到美国的头几年，钱学森去美国各地讲学或参观的机会比较多，每次外出他总忘不了买一些妻子喜欢的礼品，特别是各种新的音乐唱片。在他们家中，各种豪华版经典的钢琴独奏曲、协奏曲，应有尽有。多年之后，当蒋英忆及往事，依然回味无穷地说："那个时候，我们都喜欢哲理性强的音乐作品。学森还喜欢美术，水彩画也画得相当出色。因此，我们常常一起去听音乐、看美展。我们的业余生活始终充满着艺术气息。不知为什么，我喜欢的他也喜欢……"

在软禁中相濡以沫

1950 年 8 月 23 日，钱学森和蒋英买好了回国的机票，办好了行李托运及回国的一切手续，并和美国的亲友一一作了告别。但就在这时，美国当局突然通知钱学森不得离开美国，理由是他的行李中携有同美国国防有关的"绝密"文件。半个月后几名警务人员突然闯进了钱学森的家，说钱学森是共产党，非法逮捕了他。钱学森被送往特米那岛，关押在这个岛的一个拘留所里。9 月 22 日，美国当局命钱学森交出 1.5 万美元后，才让他保释出狱。但他仍要听候传讯，不能离开洛杉矶。

经过半个月的折磨，钱学森的身心受到严重伤害，体重减少了 13.6千克。美国联邦调查局的特务时不时闯入家门搜查、威胁、恫吓，他们的信件受到严密的检查，连电话也被窃听。这时，蒋英像一名忠诚的卫士护卫着钱学森，把惊吓留给自己。

整整 5 年的软禁生活，并没有动摇钱学森和蒋英夫妇回国的决心。在这段阴暗的日子里，钱学森常常吹一支竹笛，蒋英则弹一把吉他，共同演奏 17 世纪的古典室内音乐，以排解寂寞与烦闷。虽说竹笛和吉他所产生的音响并不和谐，但这是钱学森夫妇情感的共鸣。为了能随时回国，当然也为躲避美国特务的监视与捣乱，他们租住的房子都只签 1 年合同，5 年之中竟搬了 5 次家。蒋英回忆那段生活时说："为了不使钱学森和孩子们发生意外，也不敢雇用保姆。一切家庭事务，包括照料孩子、买菜烧饭，都由我自己动手。那时候，完全没有条件考虑自己在音乐方面的钻研了，只是为了不致荒废所学，仍然在家里坚持声乐方面的练习而已。"

在蒋英和亲朋好友的关怀劝慰下，含冤忍怒的钱学森很快用意志战胜了自己，他安下心来，开始埋头著述。一册《工程控制论》和一册《物理力学讲义》，便是蒋英与钱学森贫贱不弃、生死相依、笃爱深情的结晶。

科学艺术，相辅相成

在周恩来总理亲自过问下，1955 年 10 月 8 日，钱学森和蒋英带着他们 6 岁的儿子永刚、5 岁的女儿永真，回到了日夜思念的祖国。回国后，蒋英的艺术才华又焕发出来了，她最初在中央实验歌剧院担任艺术指导和独唱演员，后来到中央音乐学院任歌剧系主任、教授。

蒋英非常热爱自己的事业，非常热心音乐教育工作。20 世纪 50 年代初磁带式录音机还未问世，蒋英和钱学森从美国带回来的唯一奢侈品就是一台钢丝录音机。蒋英便把它拿去用于教学工作，让它发挥更大的作用。

从 20 世纪 50 年代中期到整个 70 年代，中国每次发射导弹、核导弹和人造卫星等，钱学森都要亲临第一线，在基地一蹲就是十天半月，甚至一个月。当时保密要求十分严格，钱学森出差在哪里、干什么，从来不对家人讲。有一次蒋英在家里一个多月都得不到丈夫的音讯，她不得不找到国防部五院询问："钱学森干什么去了，这么长时间杳无声息，他还要不要这个家了？"五院的同志和颜悦色地告诉她："钱院长在外地出差，他平安无恙，只是工作太忙，暂时还回不来，请您放心。"蒋英听了心里有数了，具体事情也不再多问了。

有人曾向钱学森请教过这样一个问题：你俩一个在科学上、一个在艺术上都达到高峰，共同生活了50多年，这科学和艺术是怎样相互影响的呢？钱学森对这个问题做了明确的阐述："蒋英是女高音歌唱家，而且是专门唱最深刻的德国古典艺术歌曲的。正是她给我介绍了这些音乐艺术，这些艺术里所包含的诗情画意和对于人生的深刻理解，使我丰富了对世界的认识，学会了艺术的广阔思维方法。或者说，正因为我受到这些艺术方面的熏陶，所以我才能够避免死心眼，避免机械唯物论，想问题能够更宽一点、活一点，因此在这一点上我也要感谢我的爱人蒋英同志。"

共同的艺术情趣是蒋英和钱学森相互关怀、相互爱恋的沃土。即使在20世纪50年代遭受美国政府软禁的艰难岁月，夜晚，当孩子们入睡以后，有时他们也要悄悄地欣赏贝多芬、海顿、莫扎特的交响曲，感受那与命运顽强抗争的呼唤，乐观地面对人生的旋律，这也许就是贝多芬所要证明的："音乐是比一切智慧和哲学更高的启示。"

在回国以后的40多年里，每当蒋英登台演出，或指挥学生毕业演出时，她总喜欢请钱学森去听、去看、去评论。他也竭力把所认识的科技人员请来欣赏，大家同乐。有时钱学森工作忙，蒋英就亲自录制下来，放给他听。如果有好的交响乐队演奏会，蒋英也总是拉钱学森一起去听，把这位科学家、"火箭迷"带到音乐艺术的海洋里。钱学森对文学艺术也有着浓厚的兴趣，他所著的《科学的艺术与艺术的科学》出版时，正是蒋英给该书定了英译名。

蒋英教授对科技事业、科学工作者的艰辛十分关心和理解，她曾以巨大的热情，不顾连续几个月的劳累，参与组织、指导一台大型音乐会——《星光灿烂》，歌唱航天人，献给航天人。

蒋英和钱学森的日常生活也充满了艺术情趣，他们努力把科学和艺术结合起来。每逢星期天，如果天气好，他们总是带着孩子一起去郊外野游，到公园散步。香山、碧云寺、樱桃沟、颐和园、景山、北海，以及故宫、天坛、长城、十三陵，都留下了他们的足迹和身影。

1999 年 7 月，中央音乐学院在北京隆重举办"艺术与科学——纪念蒋英教授执教 40 周年学术研讨会"，以及由蒋英的学生参加演出的音乐会等，88 岁的钱学森因身体原因不能出席，他特意送来花篮、写来书面发言，让女儿代为宣读，以表达他对蒋英的深深的爱意。

勋章献给她

王建蒙

1999 年 9 月 18 日，古稀之年的孙家栋获得了"两弹一星功勋奖章"。回到家以后，孙家栋给妻子魏素萍戴上勋章，以表达对她的感谢与爱意。魏素萍笑着说，勋章有 500 多克金子，有她一两克就够了。这一年，孙家栋与爱妻已相伴 40 年。

孙家栋与妻子魏素萍于 1959 年 8 月 9 日在北京结婚。婚后，魏素萍领教了丈夫工作的忙碌和神秘。

一个深冬的夜里，魏素萍被铃声惊醒，只见孙家栋衣服都没披就跑到客厅接电话。魏素萍见状，拿着大衣跟过来给丈夫披上。正对着话筒说话的孙家栋条件反射般急忙用手将话筒捂住，用眼睛示意妻子快点离开。魏素萍委屈地瞪了丈夫一眼，默默地走进了卧室。谁知孙家栋一边听着电话，一边还想把卧室门关上。电话线不够长，他就斜着身子伸腿用脚尖把门勾上了。此时，中国的导弹研制事业刚刚起步，保密纪律是"上不告父母、下不告妻儿"。

1967年7月，年仅38岁的孙家栋成为中国第一颗地球卫星"东方红一号"的总设计师。孙家栋更忙了，就连晚上也抽不出时间回去看看怀孕的妻子。这一年12月8日，魏素萍临产，孙家栋却忙得抽不开身。当阵痛袭来时，魏素萍渴望能握住丈夫的手，然而，直到女儿出生的第二天晚上，孙家栋才赶到。身体虚弱的魏素萍幽怨地看着丈夫说："你到底是干什么的？什么工作能比老婆生孩子更重要？"

1970年4月24日，"东方红一号"发射成功，世界为之震惊。举国欢庆时，魏素萍仍不知道那是丈夫的杰作。

直到1985年10月，中国航天工业部宣布中国的运载火箭要走向世界，进入国际市场。随着电视向全世界直播"长征三号"运载火箭将国外的卫星送上太空，与孙家栋生活了20多年的魏素萍才知道丈夫是干什么的。

1994年9月，魏素萍被查出患有胆结石。此时，中国第一颗大容量通信卫星发射在即，孙家栋要前往西昌卫星发射中心。临行前，魏素萍一边为丈夫收拾行装一边说："你出差了，我正好借这个机会到医院做手术。"11月24日，西昌卫星发射中心的各项工作都已准备就绪。正是这一天，做了胆结石手术的魏素萍突发脑血栓，落下了偏瘫的后遗症。

一周后，卫星被成功送入太空，孙家栋终于松了一口气，顿时觉得浑身像散了架似的疲乏无力。可是，他还要立即赶回北京主持与美国航天代表团的谈判。孙家栋强撑着疲惫的身体完成谈判，随即累倒了，被送到附近的海军总医院。躺在医院里，孙家栋才想起妻子的手术。弄清了情况，经他再三要求，老两口住进同一家医院治疗，并被安排到同一间病房。

孙家栋有了补偿妻子的机会。每天早晨,孙家栋搀扶着行动不便的妻子在疗养院的林荫小道上散步,一边走一边和妻子说话。魏素萍乐了:"我是因祸得福呢。除了第一次见面时,你滔滔不绝地和我谈了20多个小时,以后再也没听你说过这么多话。"孙家栋感叹:"一眨眼,我们都是快70岁的人了。这么多年,让你受累了!"魏素萍眼里一热,感叹着:"我等了你一辈子!就盼着什么时候能像别的女人一样,和丈夫守在一块儿。终于等到了,我却老了,连身体也残了。"

出院后,为了让魏素萍的四肢恢复正常功能,孙家栋只要有空就搀扶着她到外面散步,每天给她做按摩,说笑话逗她开心,在百忙中挤出时间,和她一起锻炼身体,还抽空查找了大量关于脑血栓后遗症方面的资料。他经常鼓励老伴儿说:"素萍,你这算是很轻的后遗症,只要每天开开心心,坚持锻炼,我保证你很快就会完全恢复!"在生活上孙家栋也想方设法调剂老伴儿的饮食,他要求保姆按照他列出的食谱买菜。魏素萍跟他开玩笑说:"老头子,你这哪里像个科学家,简直就是一个保姆了。"孙家栋笑着说:"这么多年对你照顾得太少,正好借此机会好好陪陪你。你看,我还得感谢你呢,陪你锻炼身体,我自己都瘦了10千克,连脂肪肝都好了!"

阳光雨露般的关怀温暖了魏素萍的心,一年后,魏素萍竟奇迹般地康复了。身边的人都惊讶不已,魏素萍跟他们开玩笑说:"这就是老孙用爱情创造的奇迹!"

2004年2月25日,75岁的孙家栋被任命为中国探月工程的总设计师。孙家栋更忙了。

2006年12月,魏素萍又患重病做了大手术。后续治疗让魏素萍痛苦不堪，她第一次感到恐惧，对丈夫充满了依恋。尽管孙家栋尽量压缩在外的时间，然而此时，"嫦娥一号"已进入了奔月倒计时，有无数的事情和技术难题等着他去解决。

那天，孙家栋又要前往西昌卫星发射中心。眼看丈夫收拾行装，魏素萍心中不舍，强忍着泪说："有时间就快点回来，你知道我在等你。"孙家栋将妻子的手放在自己手心里，70多岁的妻子经历这样一场大磨难，自己却不能守在身边，孙家栋心里酸酸的，觉得这辈子欠妻子的太多了。

孙家栋走后，魏素萍才发现，丈夫已将她在家里要用的东西都准备好了。生怕她看不清药瓶上的小字，孙家栋在每个药瓶上都重新贴上标签，写清服药的时间和剂量。

2007年10月24日，"长征三号甲"火箭搭载着"嫦娥一号"腾空而起，直刺苍穹。看着电视直播，魏素萍止不住地流泪。当孙家栋清瘦的身影出现在屏幕上时，魏素萍忍不住伸出手抚摸屏幕上丈夫的脸，喃喃道："老伴儿，这样的一辈子，值呢！"这对聚少离多的夫妻，用一生的相思将牺牲和奉献刻在了流金岁月里。

一心只做追月人

余驰疆　陈佳莉

"我总想看看月球究竟是什么样子，也很想知道桂花树究竟是怎样的形态。我很敬佩吴刚无止境砍树的精神，很想探寻这些秘密。"

经过 26 天的"长途跋涉"与"养精蓄锐"，2019 年 1 月 3 日 10 时 26 分，"嫦娥四号"成功着陆月球，并通过"鹊桥"中继星传回世界第一张近距离拍摄的月背影像图，揭开了月背的神秘面纱，这也是人类历史上第一个在月球背面成功实施软着陆的人类探测器。

这趟"月背之旅"为什么能让全世界为之沸腾？"嫦娥之父"欧阳自远曾用通俗的语言解释其中的意义：月球背面的南部，有一个巨大的坑，这是 42 亿年前砸出来的。我们的"嫦娥四号"，就是要落在月球背面的那个大坑里。

"走，到月球背面去！"这声召唤，终于让84岁的欧阳自远听到了回响。

一

每次听到媒体称他"嫦娥之父"，欧阳自远都会坚决反对："中国探月工程的阶段性成功不是某一个人努力的结果，而是成千上万人工作的成果，叫我'嫦娥之父'，反而使我处于一个难堪的位置，所以我绝对不赞同这样的称呼。"

欧阳自远是中国天体化学学科的开创者、月球探测工程的首席科学家。相比外界给予的光环，他更愿意称自己是个"修地球的"。

他早年从事地质工作，后来进行核爆研究，现在一直主持月球探测工程，曾成功推动中国第一颗探月卫星"嫦娥一号"的发射升空。此后，"嫦娥计划"从一号到五号探测卫星，全都离不开他的参与和推动。2014年11月4日，国际小行星命名委员会将一颗编号为8919号的小行星命名为"欧阳自远星"。

中国的探月准备工作做了35年，其中仅是论证，就从1992年一直做到2002年。这10年，对欧阳自远来说，难点不是写报告，而是如何赢得国人的理解和支持。他最初面临的质疑很多，近20年来，没有其他国家提过探测月球，为什么中国要去探月？欧阳自远得慢慢说服所有人，让大家了解探测月球的价值和意义，然后再将计划一步步地提交给各级评审。

之后问题又来了。"当时很多科学家在讨论的时候都会问我为什么不把这个项目给他们。因为中国月球探测已经有点苗头了，谁都希望把自己的项目插进去。每一位科学家都想自己做一些事情，这很正常。"

尤其令欧阳自远感到压力的是，中国人不能容忍科学探索上的失败。

人们只愿看到"嫦娥"系列卫星一个接一个地发射成功，无法想象一旦失败会怎样。"开汽车都会遇到发动不起来的状况，如此复杂的探月工程怎么可能没有问题？所以我们的压力很大，要发射出去就必须成功！"欧阳自远说，"发射'嫦娥一号'时，我的血压、血糖、血脂都很高，几个月睡不着觉，发射的时候手心也一直在冒汗……但是我们要经受得住这种锻炼和煎熬，什么都一帆风顺是不可能的。"

不过，欧阳自远还是不喜欢谈困难。他觉得探月工程是中国"两弹一星"、载人航天精神的继承，自己现在所遇到的困难，是每一个参与重大项目的科学家都会遇到的，也是从前那些奋战在戈壁深处的老前辈经历过的。

"有多少当年参与'两弹一星'的科学家，默默无闻地奋斗了一辈子，最后怀揣着科学理想走到生命尽头，直到埋骨戈壁滩，都没能实现梦想。而我已经能看到梦想在宇宙深处展现的淡淡轮廓。"

二

从 40 年前第一次触摸到月岩起，欧阳自远就将自己的命运与月亮绑定在一起了。从研究地质到陨石，从申请探月到实现"嫦娥计划"，欧阳自远一心只做追月人。

1992 年，中国载人航天工程立项，"神舟号"正式登上历史舞台。这让时任中国科学院资源环境科学局局长、中国科学院地球化学所所长的欧阳自远看到了探月的希望。

1993 年，他彻夜伏案写下 2 万字的"探月必要性与可行性报告"，从军事、能源、经济等方面阐述了登月的重要性，提交给国家高技术研究发展计划专家组。

接下来的 10 年，欧阳自远不断同上层力争，跟专家、同事改进工程方案。他的妻子邓筱兰如此形容："他几乎把所有时间都用在工作上，回到家就是进书房看书、查资料，家里的事儿什么都不管，饭做好了叫他吃，好的赖的都能吃，恨不得天天穿一件衣服。孩子的生日永远记不住，只大概知道是几岁。"

2003 年底，经过 10 年的努力，一份关于"嫦娥一号"的综合立项报告被送进中南海。两个月后，时任国务院总理温家宝在这份报告上签了字，批准了中国月球探测第一期工程。欧阳自远被任命为首席科学家，这距离他开始研究月球已经过去了整整 25 年。那一天是大年初二，欧阳自远带着 4 名学生，与探月工程的总指挥栾恩杰下了趟馆子。他特地开了一瓶茅台酒，举杯时声音有些颤抖："所有努力都是为了今天，我们很幸运。"

中国的探月工程分为三步——绕、落、回，即一期突破绕月探测关键技术，二期突破月球软着陆、月面巡视勘察等技术，三期突破月面采样和返回地球等技术。因此，一期开始的 2004 年被称为绕月探测工程的开局年，这之后便是 3 年的攻坚时光。3 年里，每一个项目都离不开欧阳自远的参与，70 多岁的他每晚只能睡三四个小时，在各个对接城市来回穿梭。

2007 年 10 月 24 日，"嫦娥一号"绕月卫星在西昌发射，它需要进入距月球 200 千米的使命轨道才算成功，而这个过程需要 13 天。

回忆当时，欧阳自远仍然心情激动："我们都睡不着觉，忧心忡忡。我害怕得手心流汗，怕它没抓住轨道。13 天后，卫星终于上了轨道，我从来没那么激动过，抱着孙家栋（探月工程总设计师），两个七老八十的人说不出话来，眼泪一直往下流。"中央电视台的记者在一旁问他的感想，他脑袋一片空白，只能哭着说："绕起来了！绕起来了！"

2010 年 10 月，"嫦娥二号"卫星升空，新的奔月轨道试验开始；2013 年 12 月，"嫦娥三号"探测器登陆月球，并陆续开展了"观天、看地、测月"等任务，标志着探月工程二期目标的实现；如今，作为"嫦娥三号"备用卫星的"嫦娥四号"也成功完成了登陆月球背面的任务。未来，欧阳自远还要全身心地投入探月工程第三期，即"嫦娥五号"的工作中。

聊起探月计划，最令欧阳自远动容的，是谈起"嫦娥一号"最终命运的时候。2009 年 3 月 1 日，"嫦娥一号"完成所有绕行任务，将按照计划撞向月球，葬身太空。那是欧阳自远最心痛的时刻，呕心沥血 10 年，"嫦娥一号"犹如自己的孩子。他声音有些哽咽："'嫦娥一号'最后在我们的控制下，飞了 15 分钟、1469 千米，撞在丰富海，粉身碎骨。它真的是一位'英雄'，为了国家的利益而献身。后来我说，以后不要撞了，所以'嫦娥二号'的命运好多了。它完成自己的使命后，我们找了个活儿给它干，让它去'监视'一颗名为'战争之神'的小行星。"

他将"嫦娥一号"称为英雄，将所有的"嫦娥号"比作自己的孩子，这便是一位科学家的柔情。

三

在"嫦娥工程"中，欧阳自远的身份不仅仅是探月计划提议者、探月可行性报告的提交者、首席科学家……他还有一个特殊的身份——移动的演说家。

近些年，他几乎每个月都要参加三四场探月报告会。这样的会议在 2004 年前后最为频繁。当时，外界对探月仍然持质疑态度。大部分质疑针对的是工程所需的 14 亿元的预算。

"大家觉得我们在地球上有那么多事要做，西部要开发、东北要振兴、中部要崛起，还有贫困人口问题没解决，到月球上瞎折腾什么？何况20世纪美国和苏联搞了108次，现在中国人再做值不值，有很多很多的质疑。"

作为首席科学家，欧阳自远只能反复解释，像战国时期的苏秦、张仪，不断在人群中游说。那时，年近七十的他随身携带笔记本电脑，亲自撰写稿件，写了20多个版本的演讲稿。他对记者解释："从官员、科学院院士、大学生到中学生、小学生，都必须让他们听得明明白白。"粗略统计，至少已有10万人听过他关于探月工程的演讲。

最著名的例子便是拿北京地铁做比较。当时，北京市政府公布，地铁造价为1千米7亿元，于是欧阳自远略带玩笑地跟大家说，地球到月球大约38万千米，但探月工程一期也就花了修筑北京地铁2千米的钱。他说："其实我想让大家了解，我们就使用14亿元。"

他希望以最平实的语言让公众理解科学、对科学产生兴趣、亲近科学、热爱科学。"如果听众没听懂，或者觉得没意思，那一定是演讲者的问题。"

10多年来，欧阳自远每年都会对自己的科普报告做统计——平均每年52场，面对面的听众3万余人。

2018年，欧阳自远在一次采访中说："我已经83岁了，要完成的事情太多了，我觉得可能做不完，所以希望能够多一点时间把它做好。"

耄耋之年的欧阳自远将人生余下的岁月和奔月梦想紧紧联系在一起，他相信自己一定能亲眼看到月球上留下中国人的脚印。

双色人生

张　前

　　让我们先来看一份人生简历：他，1571 年 12 月 27 日生于德国符腾堡魏尔，是 7 个月的早产儿。父亲早年离家出走，母亲脾气极坏。他从小体弱多病，4 岁时，天花在他脸上留下疤痕，猩红热使他的眼睛受损。他高度近视，一只手半残，长得又瘦又矮。1601 年，对他人生产生重要影响的恩师去世。1612 年，他至爱的妻子去世。他一生穷困潦倒，1630 年 11 月 15 日，年近花甲的他在索薪途中病逝于雷根斯堡。他，生于战争年代，一生在宗教动乱中艰难度过。厄运在他活着时不放过他，死后还紧随着他，在"三十年战争"期间，他的墓地被对立派夷为平地，尸骨荡然无存。

　　再来看另一份人生简历：他，勤奋努力，智力过人，一直靠奖学金求学。

1587 年，他进入杜宾根大学学习神学与数学。他是热心宣传哥白尼学说的天文学教授麦斯特林的得意门生。1591 年，他获得硕士学位。1594 年，他应奥地利南部格拉茨的路德派高校之聘讲授数学。1600 年，他被聘请到布拉格近郊的邦拉基堡天文台，任第谷的助手。1601 年第谷去世后，他继承了宫廷数学家的职位，继续第谷未完成的工作。1612 年，他移居奥地利的林茨，继续研究天文学。后来，他发现了行星运动三大定律。他所提出的三大定律影响深远，促成了牛顿导出万有引力理论。

这两份简历是同一个人留下的。他，就是德国天文学家开普勒。

开普勒的一生迭遭病魔、贫穷、宗教冲突和战争的困扰。但他把一切不幸都化作推动自己前进的动力，凭着自己对天文学客观规律的执着追求和坚韧不拔的献身精神，克服种种困难，摘取了科学的桂冠，被誉为"天空的立法者"。

古罗马著名学者塞涅卡说："真正的伟大，即在于以脆弱的凡人之躯而具有神性的不可战胜的力量。"这句话完全适用于开普勒。他正如古希腊神话中的赫拉克里斯，是一个坐着瓦罐漂渡重洋去完成神圣使命的人。

诺贝尔奖的遗憾——被遗漏的五大发现

喻　言

1901 年，第一届诺贝尔物理学奖颁给了 X 光的发现者伦琴。诺贝尔科学奖所奖励的原始性创新科技，对整个人类文明和社会进步都起到了重大的作用。100 年来，诺贝尔科学奖的获奖项目，从某种意义上可以说是 20 世纪科学发展历程的缩影。

1901—1999 年，获诺贝尔自然科学三大奖（物理、化学、生理学或医学）的项目中，最主要的是重大的科学发现，占 58.7%；重大的理论突破占 22.8%；重大的技术和方法发明仅占 18.5%。

作为 20 世纪科技风向标的诺贝尔科学奖，走过百年时，它的权威性正在悄悄地发生变化。

有人批评诺贝尔奖把理科仅仅分为物理学、化学、生理学或医学三科，并不能反映出科学的最新发展，诸如天文学、基因学、工程学、计算机科学等都没有被列入其中。有人曾经指出：时下的研究往往要跨越多门学科，尤其是物理学的大部分研究或多或少会涉及其他科学范畴，如果不增设奖项，从事这类研究的科学家会越来越难以获得诺贝尔奖。

负责审核诺贝尔科学奖提名及审定得奖名单的瑞典皇家科学院也承认，有必要检讨评选准则，以免因曲高和寡而影响诺贝尔科学奖的声誉。

由于诺贝尔在遗嘱中只要求将诺贝尔奖用于奖励那些在物理学、化学、生理学或医学、文学及和平事业中"对人类做出最大贡献的人"，加之诺贝尔奖评选委员会坚持许多不合理的评选规则，致使在20世纪中，像爱因斯坦的"相对论"等一些重大发现与诺贝尔奖无缘。

相对论

根据已公开的诺贝尔奖评选档案资料，在20世纪的前20年里，由于爱因斯坦提出了相对论，几十位著名科学家一直提名他为诺贝尔物理学奖的候选人。但是，当时身为诺贝尔奖评审团成员、1911年诺贝尔医学奖的得主加尔斯特兰德却认为，相对论应接受时间的考验，致使爱因斯坦连年落选，直到瑞典皇家科学院成员、年轻的奥森于1921年提出了一项折中方案，才打破了爱因斯坦究竟该不该获奖的僵局。奥森提出，让爱因斯坦的另一项研究成果——光电效应理论获诺贝尔物理学奖。奥森的提案为加尔斯特兰德及其他评委会成员所接受，爱因斯坦因此才获得了1921年的诺贝尔物理学奖。

哈勃定律

20世纪二三十年代，美国天文学家埃德温·哈勃揭示出，在无垠的宇宙中，银河系只是"一名小小的成员"。1929年，哈勃研究了前人测量的星系距离资料后发现，远星系光谱线的颜色要比近星系的稍红一些。哈勃仔细测量了这种红化，发现它呈系统性变化，而且星系愈远、光谱线红移愈大。在进一步测定了许多星系光谱中特征谱线的位置后，哈勃证实了这个效应，并指出红移现象的产生，是由于星系在退行而使光波变长的缘故。由此，他总结出：星系退行的速度与距离成正比。哈勃的理论认为，"红移"最快的星系就是离我们最远的星系。这也就是著名的"哈勃定律"。

"哈勃定律"的诞生，使哈勃名声大噪。但是，当时的诺贝尔物理学奖评审团仍坚持旧的评选规定——天体物理学的发现不在评奖范围内，因而使哈勃失去获奖机会。尽管后来有消息说，在1953年哈勃去世之前，物理学奖评审团也曾一度同意推举他获奖。传记家、印第安纳大学教授克里斯蒂森曾评论说，如果评审团早点破除清规戒律，哈勃肯定能获得诺贝尔奖。

岛屿生物地理学

20世纪50年代和60年代，罗伯特·麦克阿瑟和爱德华·威尔逊运用数学研究并创造性地进行实地考察后提出物种是如何移居新领地的理论，使世界科学界为之震惊。今天，自然资源保护工作者运用这一理论，能计算出为保护濒临灭绝物种的生存需要多少栖息地；进化生态学家利用这一理论，对物种的构成和物种的灭绝有了更为深入的了解。尽管麦克阿瑟于1972年逝世，威尔逊也未获得诺贝尔奖，但他获得过大量颇有声望的其他科学奖。

美国哥伦比亚大学的皮姆教授说，同科学界的承认相比，是否获得诺贝尔奖并不重要，诺贝尔奖并不代表一切。

大陆漂移理论

韦格纳是德国气象学家、地球物理学家，1880 年 11 月 1 日生于柏林，1930 年 11 月在格陵兰考察冰原时遇难。

韦格纳以倡导大陆漂移学说闻名于世，他在《大陆和大洋的起源》这部不朽的著作中努力恢复地球物理学、地理学、气象学及地质学之间的联系——这种联系因各学科的专门化发展被割断——用综合的方法来论证大陆漂移。韦格纳的研究表明，科学是一项精美的人类活动，而不是机械地收集客观信息。在人们习惯用流行的理论解释事实时，只有少数杰出的人有勇气打破旧框架、提出新理论。但由于当时科学发展水平的限制，大陆漂移学说由于缺乏合理的动力学解释，遭到正统学者的非议。韦格纳的学说成了超越时代的理念。

韦格纳去世 30 年后，板块构造学说席卷全球，人们终于承认了大陆漂移学说的正确性。

由此可见，一种正确的理论在其萌芽阶段常常被当作错误抛弃或是当作与宗教对立的观点被否定，后期阶段则被当作信条来接受。但无论如何，人们至今纪念韦格纳的，不是他生前的冷遇和死后的热闹，而是他毕生追求真理、正视事实、勇于探索和不惜献身的科学精神。

意识与无意识理论

1929 年，著名的心理学家弗洛伊德提出了轰动一时的"意识和无意识及其对行为影响的理论"。但这一理论未能使他获诺贝尔奖。一些传记家说，弗洛伊德死前一直认为，10 年后诺贝尔奖评委会会打电话告知他获奖。但因在诺贝尔活着的时代，心理学处于早期发展阶段，因此心理学理论不会被列入评奖范围，研究心理学的人必然会被拒之门外。

弗洛伊德曾对20世纪产生过巨大的影响。他的《梦的解析》一度被人们认为是揭开了20世纪序幕的著作。《梦的解析》是弗洛伊德的代表作，也是精神分析学的奠基作，同时也可以看作是20世纪人文社会科学最重要的文献之一。《梦的解析》是弗洛伊德用了两年多的时间完成的，差不多10年以后才为人们所重视，在弗洛伊德有生之年就再版了8次，并有了近10种文字的译本。弗洛伊德在很长的时间内一直被视作与马克思、爱因斯坦等伟人并列的20世纪欧美思想家之一。

天才不需要转弯抹角

卞毓方

1935 年 8 月，钱学森抵达美国。他进的是麻省理工学院，攻读航空工程专业。

1936 年 8 月，钱学森研究生毕业。按理说，他应该留在麻省理工学院继续攻读博士，但这时出现了障碍：缘于种族歧视，美国的飞机制造厂不许钱学森去实习。学航空工程而不能去飞机制造厂实习，这就意味着他无法继续深造。经过慎重抉择，他决定改投另一所世界名校——加州理工大学，那里有他敬重的冯·卡门。

冯·卡门是谁？他是一位匈牙利裔的犹太人，是驰名世界的空气动力学教授，加州理工大学航空系主任。钱学森深知拜师要拜名师，他要攻读博士，就应拜冯·卡门为师。但是，钱学森与冯·卡门素不相识，又无人可从中作伐，怎么办？钱学森有自己的办法：毛遂自荐。

天才是不需要转弯抹角的，自信就是他们最好的通行证。1936年10月，钱学森与冯·卡门在加州理工大学会面。钱学森先作了自我介绍，然后开始讲他对航空航天的一些认识，仿佛他不是来拜师的，而是来向冯·卡门描绘共同奋斗的前景的。是的，这就是他对未来航空航天的认识，超人一等而又精辟绝伦。他看上了冯·卡门的理论能力、领导能力，愿意投在他的门下驰驱。冯·卡门开怀大笑，这是伯乐的笑，统帅的笑。冯·卡门为钱学森的远见、渊博和果敢打动，当场破格录取他为博士研究生。

冯·卡门很高明，高就高在他的出手。他一上来就交给钱学森两大难题：

1. 当飞机的飞行速度提高到亚音速时，气体的可压缩性对飞行器的性能到底会产生什么影响？它们之间的定量关系如何？

2. 如果将飞机的飞行速度进一步提高到超音速，应该采用什么样的理论指导和技术设计？

这是当时航空技术的焦点，飞机的飞行速度和高度决定了空军的实力。美国当时正面临世界多元化的挑战，迫不及待地要在航空技术上取得突破。

钱学森知难而上，全力以赴。他从加州理工大学图书馆借得大批有关空气动力学的书籍，日夜苦读，与此同时，他还潜心研究现代数学、原子物理、量子力学、统计力学、相对论、分子结构、量子化学等基础理论。20世纪50年代，钱学森回忆起那段攻关生活，说："我不是讲大话，我在做空气动力学研究的时候，关于空气动力学研究方面的英文的、法文的、德文的、意大利文的文献我全都念过。为了要把它做好，我得这么念，而且还进行了分析。"

1939 年 6 月，钱学森完成了《高速气体动力学问题的研究》等 4 篇博士论文，获得航空和数学双博士学位。钱学森在博士论文中，得出了飞机在高速飞行时所受空气摩擦阻力及其热效应影响的精确数据与结论，这个结论在当时是一个全新的理念。另外，钱学森还创立了一种计算高速飞行中的机翼表面压力分布情况的科学方法，被命名为"卡门—钱学森公式"。

冯·卡门对钱学森取得的成就十分欣慰，他在私下里坦言："钱学森的天资是极为罕见的。""人们都说，是我发现了钱学森，其实，是钱学森发现了我。"

钱学森和冯·卡门都很有个性，这里举两件事，略窥他俩的风采：

其一，有一次钱学森做报告，描述航空航天远景，台下一位老人举手发言，对他的某些观点进行驳斥。钱学森坚持己见，两人针锋相对，互不相让，爆发了激烈地争吵。老人走后，一直在旁默默观战的冯·卡门走上前来，对钱学森说："你知道刚才那位老人是谁吗？"钱学森摇头。冯·卡门说："他就是冯·米赛斯啊。"冯·米赛斯？钱学森显出一脸惊讶，原来他就是那位大名鼎鼎的力学权威！冯·卡门面露诡谲地笑，问："如果你知道他是谁，还敢和他辩论吗？""怎么不敢？"钱学森回答，"在学术问题面前人人平等，这是您一贯教导我的嘛。"

其二，一天，钱学森写了一篇文章，拿给冯·卡门看。冯·卡门认为他的观点是错的，钱学森就和冯·卡门辩论起来。辩到后来，冯·卡门大发雷霆，把钱学森的文稿扔到地上，拂袖而去。然而，第二天凌晨，钱家的门铃骤然响起。钱学森感到奇怪，谁这么早登门？开门一看，啊，是冯·卡门！但见他脸涨得通红，迫不及待地声明："我想了一夜，终于搞明白了，昨天你是正确的，而我错了。"说罢，给钱学森深深地鞠了一躬。

这一躬，让我们知道钱学森有多了不起！

这一躬，更让我们领略到冯·卡门有多伟大！

在加州理工大学攻读博士期间，钱学森参加了一个业余的"火箭俱乐部"。因为研究肇始，风险极大，所以该俱乐部又叫作"自杀俱乐部"。正是当时这段充满艰险的、不可思议的研究生涯，圆了他儿时纸镖飞行的梦，同时也把他迅速推到火箭研制开创者的前台。

1940年，钱学森独立完成了《关于薄壳体稳定性的研究》一文。

这是钱学森的出师之作。以此为标志，他从冯·卡门的麾下脱颖而出，进入国际知名学者的行列。

钱学森为他的这篇成名作耗费的精力是巨大的。1962年，在北京召开的一次力学会议上，钱学森如是回忆："我过去发表过一篇重要的论文，关于薄壳方面的论文，只有几十页。可是，我反复推敲演算，仅报废的草稿便有700多页。一个看得见的成果，仅仅像一座宝塔的塔尖。"

初生的地球

[美] 蒂姆·阿彭策勒

早期的地球景象犹如炼狱，到处是滚烫的岩浆和令人窒息的毒气。

后来，地表冷却，大陆漂移，山脉隆起又被蚀为平地，生命出现，地球变得温和可亲，绿意盎然，几乎所有这个行星的旧貌都已了无痕迹。

然而，从最古老的岩石、最深处的岩浆，甚至是陨击坑遍布的月球表面，科学家找到了线索，描绘出这颗星球的起源。随着地球的童年岁月逐渐清晰，它曾经有过的罕见景观也日渐明朗，在今日地球自然条件最严酷的一些地方，仍能找到那些与古老地球神似的景象。

地球临产的阵痛开始于46亿年前。那时，围绕年轻的太阳旋转的岩石和冰块颗粒相互碰撞融合，滚雪球般生成越来越大的团块。在猛烈地连环冲撞中，这些团块聚在一起构成了行星，其中就包括婴儿期的地球。

Getyimages ┊ 图

在混乱中，另一个大如火星的天体撞击了我们的行星，所挟的能量相当
于数万亿颗原子弹，足以把地球熔透。绝大部分撞上地球的物体都被撞
击所形成的岩浆深海吞噬，不过，这次撞击也把相当于一颗小行星质量
的汽化岩石抛上了轨道。这些撞击物的残骸迅速聚合成一个球，从此以后，
月球就用空洞的眼神瞪视着地球历史的开展。

　　月球浴火重生后，地球表面冷却了下来。尽管如此，在此后的7亿年里，
我们的行星依旧是一个死寂的世界。这一阶段被科学家称作"冥古代"（这
个词在希腊文中意为冥府）。坚固的岩石如黑色浮冰一般在岩浆上漂流；
二氧化碳、氮气、水蒸气和其他气体嘶嘶作响地从冷却中的岩石里冒出，

形成笼罩地球的大气层。随着温度进一步降低，这些水蒸气凝结成雨，随原始的季风下落，填入了海洋盆地。

最初的海洋大概只存在了很短的时间。行星产生时遗留在宇宙空间中的碎石有些直径达数十到数百千米，它们在整个冥古代不断撞击地球，最巨大地一些撞击或许导致海水完全蒸发，迫使冷却和凝结的过程又重新开始。

到了 38 亿年前，撞击缓和下来，液态水得以存留。大约在此时，或许在海洋中，无生命的化学反应跨过了某道门槛，产生了足够复杂的分子，这些分子可以自我复制，并向着更复杂的形态进化。生命之路开始演进，产生了单细胞的蓝绿藻，它们在有阳光照射的海洋中茂盛地生长。这种数以万亿计的细微有机体改变了这颗行星。它们捕捉太阳的能量来制造食物，氧气作为副产品被释放出来。逐渐地，它们把大气一点一点改造成适合呼吸的空气，为后来的生物多样性开启了大门。

那些岁月早已消逝远去，但在今日，我们仍然能观察到把我们的星球从地狱变成一个适宜居住的世界的过程。地球形成时遗留下来的原始热量仍在火山喷发时释放，散发着气体的熔岩到处飞溅，恰似年轻的地球正在冷却时一样。今天，在这颗行星上最严酷的环境中，蓝绿藻数十亿年如一日地占据统治地位。并且，每当一株植物在新近冷却下来的熔岩上扎根立足，生命就又一次地证明，它，战胜了没有生命的岩石。

最糟的宇宙，最好的地球

阿 饼

"我快没电了，天色渐暗。"

2018 年 6 月，一场火星尘暴后，美国国家航空航天局（NASA）收到了来自"机遇号"（Opportunity）火星探测车的信息。随后，它与地球失去了联系。

"机遇号"原本设计工作 90 天，但它带着人类的期盼，独自在遥远的火星辛劳了 14 年——它是 21 世纪初火星探测的双子星之一、"子午线平原"的主人、太阳系第一深的陨石坑"维多利亚"的客人、"火星马拉松"的首个完成者、"奋进"陨石坑的征服者……如果换作人，那该是怎样孤独而英勇的一生。

当时，美国国家航空航天局给"机遇号"回复了一首美国经典蓝调《再见，后会有期》。歌里唱着："我们将再次见面／在夏日让人愉快的每一天／去经历明亮鲜艳的一切／……当夜晚渐渐来临／我看着那月亮／然后我们将再次见面。"

而下一次见面，或许是在下一个 14 年。

2018 年 8 月，美国国家航空航天局宣称要用 195 亿美元在 2033 年将人类送上火星。但这将是一次有去无回的单程之旅——先不说火星上是否存在不明的危险，抵达火星需要 200 天左右，以目前的科技水平，尚无法提供大规模的物资运输，也就无法解决人类自身的生存问题。

不只是火星，太阳系的其他星球也不友好。在月球上，一个穿着宇航服的人只能存活 7 小时，之后会因氧气不足而死亡；在温度 -170℃ ~430℃ 的水星，人大约只能支撑 2 分钟；在超高压强的其他星球（如天王星、海王星和土星），人 1 秒都活不了。

也就是说，当人类最终冲出地球，首先面临的就是死亡这道铁壁，如科幻作家刘慈欣在《流浪地球》中所说："这墙向上无限高，向下无限深，向左无限远，向右无限远。"

就算解决了在宇宙中的生存难题，人类也可能最终只得到一个"最糟的宇宙"。《三体》系列的第二部《黑暗森林》认为，如果宇宙中有任何文明暴露自己的存在，它将很快被消灭，所以宇宙一片寂静。这个结论被中国读者称为"黑暗森林猜想"。

再退一步说，即使人类顺利进入"太空大航海时代"、实现星际开拓大业，也要面对一个大问题：时间。试想，你乘坐一艘巨大的宇宙飞船踏上"寻找新家园"的奥德赛之旅，在漆黑寂静的太空中飞向一个遥远的目标。出发时，它花了 2000 年时间加速；路途中，它保持巡航速度行驶了 3000 年；快到目标星球时，它再用 2000 年减速。飞船上一代又一代的人出生又死去，地球成为上古时代虚无缥缈的梦幻。

而你——星辰宇宙中的蜉蝣，当年对地球投以最后一瞥时，是否意识到自己并非什么高维度的造物主？你一辈子 80~100 年的寿命，还不够大陆漂移 1 米。与蜉蝣相比更为不幸的是，你现在就能想象到自己"朝生暮死"的图景。

那么，人类为何总想着逃离地球呢？

"'自己'这个东西是看不见的。人们撞上一些别的什么，反弹回来，才会了解'自己'。"日本设计师山本耀司说的这句话，很适合用来回答这个问题。

1968 年 12 月，"阿波罗 8 号"上的宇航员比尔·安德斯拍下了地球从月球边缘升起的标志性照片《地出》，这是人类史上第一张能看到地球全貌的照片。安德斯回忆起当时绕行月球的情境时说："这个叫作地球的物体，它是宇宙当中唯一的颜色。"

有学者认为，这张照片点燃了一场大众环境运动。蕾切尔·卡森在彼时出版了《寂静的春天》，联合国则宣布了第一个"地球日"。地球突然开始占据人类的头脑，仿佛我们从司空见惯中突然警醒一样。

安德斯不是唯一一个从太空看到地球而感到惊奇的宇航员。曾经在国际空间站上执行"远征 19 号"任务的巴拉特称，俯瞰地球时让他颇感震撼。他说："毫无疑问，当你从这里俯视地球时，你就会被它的美丽所折服。有两件事你会立刻醒悟，一件是你曾对它有多忽略，另一件是你多么希望能尽最大努力呵护它。"

对这些宇航员来说，住在太空越久，思念人间烟火之情越浓。解决"乡愁"的法子就是在空间站里干一些在地球做的事儿，例如看电影、听音乐、上网、与妻儿通电话，甚至自己种菜、做比萨和蛋糕。1972 年，"阿波罗

16 号"的宇航员查理·杜克在执行第三次、同时也是最后一次登月任务时，将随身携带的一张全家福照片用塑料膜裹着，放在布满沙粒的月球表面拍照留念。照片里，是他与太太多萝西、两个儿子查尔斯与汤玛斯。

现在，请重新认识一下地球给予我们的种种特权——磁场和大气层对太阳的双层防御、适温气候、1 倍的大气压强、重力、食物遍地……这些因素全部都刚刚好，你才能够不穿宇航服普普通通地过着每一天。

当然，几分钟后，我们很快就会将这些恩惠忘得一干二净。

嫦娥回家

醋　醋

1978 年 5 月 20 日中午，晚春的北京开完最后一丛洋槐花，空气中还残留着一丝花香。

美国副总统专机"空军二号"降落在北京机场，飞机上的布热津斯基透过舷窗看见黄华，不禁暗自高兴。

黄华时任中国外交部部长，他亲自接机表明这次访问级别很高，两国关系很有可能更进一步。

作为美国前总统卡特的国家安全事务助理，布热津斯基此行的目的只有一个：重启尼克松下台后停滞不前的中美关系，尽快推动中美建交。为表诚意，布热津斯基还带来两件特殊的礼物——一面中国国旗与一颗岩石，它们都来自月球。

当时的中央领导认为，旗帜有没有上过月球无从考证，岩石可以交给专业人士"验明正身"。

此人远在贵阳，被中共中央办公厅一个电话喊到北京。他打开装着月球石的玻璃盒时愣住了，样品不到一粒黄豆大。原来美国人用凸透镜做玻璃盒，放大了形状，看上去拇指大小的岩石其实只有1克。

他小心地把月球石剖成两半，0.5克拿来做研究，0.5克送给北京天文馆珍藏。通过4个月的分析，他带领团队写出了14篇论文，岩石的真身一一浮现。他甚至推断出这是由"阿波罗17号"飞船采集来的样品，在参考美国公布的数据后，他告诉美国人，你们这块岩石的编号是70017-291。

他就是"嫦娥之父"欧阳自远，"嫦娥"探月工程首席科学家。他当时一定不会想到，42年后的"嫦娥五号"，一次挖回来2千克月球样品，一扫当年的窘迫。

2020年12月17日2时，"嫦娥五号"的返回器降落在内蒙古四子王旗草原。

对于中国这次探月行动，美国国家航空航天局（NASA）发了一条推特，内容大概为：中国"嫦娥五号"已经开始努力获取月球样本，我们希望中国向全球科学界分享数据，以增加我们对月球的了解，就像当年"阿波罗"任务那样。

月亮活着吗

1969—1972年，美国6次将12人送上月球挖土，"一镐一镐"挖回来381.7千克月球样品。

1971年，"阿波罗15号"降落在月球上的亚平宁山，戴维·斯科特从月球车下来没走几步，就踢到一块水晶，水晶在白色与灰色之间轮转，非常美丽。同伴詹姆斯·欧文当时心有所感，仿佛这块水晶正在那儿等待他们到来。

他们认为这是原始月壳的一部分，至少有 45 亿年历史，并将其命名为"起源石"，这是"阿波罗登月计划"带回的最著名的月球样品。

"阿波罗 12 号"指令长阿兰·比恩是第 4 个登上月球的人，他曾在月球发誓："如果我能回到地球，我将做自己喜欢做的事。"比恩喜欢做的事是绘画，他用混合了月尘的油彩绘画，画的全是他看过的月球景色，其中一幅《阿波罗精神》在其个人官网上售价高达 433 700 美元。

当比恩挥毫泼墨之际，欧阳自远领衔的中国科学院地球化学研究所正围着 0.5 克月球石忙碌，慎之又慎。这后面还排着一串长队等着拿月球石做研究，中国科学院原子能研究所、中国科学院原子核研究所、中国科学院长春应用化学研究所……

就算这次我们带回来 2 千克月球样品，相比美国的 381.7 千克依然是小巫见大巫，美国人到底图什么呢？

这还得从当年美苏太空争霸说起。放卫星上天，加加林从太空看地球，苏联人赢得两轮头彩，让美国急得不行。

1961 年，肯尼迪放下狠话，10 年内美国必须抢在苏联人前面登月，"阿波罗登月计划"从此正式开始。这项任务的过程很复杂，结果很简单——只要送人到月球上走一走就算赢，至于落在月球哪里根本不重要。

月球正面低纬度地区离地球近，为降低任务难度，美苏航天器的着陆点都选在这个范围内。

1969 年 7 月 20 日，世界时间 20 时 17 分，"阿波罗 11 号"登月舱降落在月球上，着陆点约在北纬 0°、东经 23°。阿姆斯特朗爬出舱门的时候，苏联的"月球15号"刚好从他头上掠过。

"月球15号"是"嫦娥五号"的先驱,它在"阿波罗11号"发射前3天升空,希望抢在美国人之前登陆月球并采样返回,好让苏联人挽回一点颜面。为了避免与"阿波罗11号"相撞,苏联还把"月球15号"的轨道参数透露给了美国。

然而天不遂人愿,"月球15号"坠毁失事。

它的"遗愿"只能让一年后的"月球16号"完成——带回101克样品。

"阿波罗11号"落地区域叫"静海","月球15号"落地区域叫"危海","月球16号"落地区域叫"丰富海",它们都是意大利神学家乔万尼·里乔利在1651年一拍脑袋取的名字。

"危海"重力增强,说明地下有高密度物质,形成了质量瘤,至于是什么物质,只有留待以后深度钻探才知道。

美国人将首次登月地点选在"静海",而非"危海",是因为1968年,美国5艘月球探测器在"危海"中心探测到月球上最大的质量瘤,美国人感觉惹不起就闪了。

战斗民族的脾气是不服就干。"月球16号""月球20号"在"丰富海"采样成功返回后,苏联卯上了"危海",誓要告慰"月球15号"的"在天之灵"。

1976年8月18日,"月球24号"在距"月球15号"躺倒的2.3千米处成功着陆,并带回170克月球地表下方2米深处的月球样品。

"月球24号"登陆之后,人类再无探测器登陆月球采样,直到2020年"嫦娥五号"翩然而至。

美苏在月球一共采样382千克,都是无价之宝。2018年,纽约苏富比拍卖行拍卖了3粒小型月球岩石,总重量为0.2克,来自科罗廖夫的遗孀，最终以 85.5 万美元成交。

当然，月球样品的价值不是金钱可以衡量的，美国对"嫦娥五号"采样感兴趣，主要还在于它的着陆点与众不同，那里远离"阿波罗"和"月球号"采样区，极可能存在与之前的样品不同的岩石类型。

2018 年，中国地质大学教授肖龙研究组发表了一篇论文，强烈建议"嫦娥五号"在吕姆克山东部的 Em4 地质区着陆，这里形成于约 12 亿年前，是吕姆克山及整个月球最年轻的区域。

据新华社报道，"嫦娥五号"着陆点在北纬 43.1°、东经 51.8°，正好位于 Em4 地质区。

月球火山运动在 32 亿年前就基本结束了，美苏着陆地区采集的月球样品，年龄集中在 44 亿～31 亿年前。"嫦娥五号"带回来的是距今最近一次的月球岩浆活动的样品。

通过对这些样品的研究，科学家试图解释，月球作为一个相对较小的天体，内部为何能够存在如此长久的岩浆活动，从而可能提出新的月球内部演化模型，并为其他行星的演化过程提供参考。

"嫦娥五号"带回来的月球样品可能为人类提供完整的月球历史，这将彻底改变我们对月球和太阳系的理解。

月球"湿"了

2020 年 10 月 26 日，美国国家航空航天局宣布"首次"在有阳光照射的月球表面发现水，全世界媒体蜂拥报道，只有俄媒泼来一盆冷水：这事儿我们 40 多年前就晓得了。

更让美国人沮丧的是，1976 年，美苏为了缓和关系互换了 1 克月球岩石，苏联的这 1 克就来自 170 克"危海"样品。坐拥 381.7 千克月球样品的美国人八成没把这当一回事，随手扔到一边，没有好好研究，否则何至于到现在才发现月球上有水。

1998 年与 2009 年，美国先后发射探测器，通过中子探测仪与 3 微米红外波段探测，发现月球有水的间接证据——氢，并绘制了月球南北两极的水冰分布。

下一步，找出月岩、月壤中水的成因和赋存状态，是"嫦娥五号"带回来的 2 千克月球样品要解答的科学问题之一。

建设月球基地，水资源无比珍贵。我们现在从地球向月球发射 1 升瓶装水的成本为 3.5 万美元，这个成本非常高。无法在当地取水，月球基地就很难维持下去，这也是为何在"阿波罗计划"完成之后，美国喊了半个世纪重返月球建基地却至今没见行动的重要原因。

现在好了，月球终于"湿"了，月球基地还会远吗？

月球两极有些地方是永久性阴影区，温度一般都在 -163.15℃，彗星、陨石带来的水分，或者它们撞击羟基转化的水分都被极低温禁锢在陨石坑中，形成一个个深井冰，叫作"冷阱"。在这里，水不仅是结冰那么简单，还会硬得像一块石头，并且在长达 10 亿年的时间内都被冰封在这里。

科学家估计，月球表面的冷阱加起来超过 4 万平方千米的冰，相当于安大略湖大小的 2 倍。人类可以很方便地利用太阳能获取月球储存的冰资源。

这里是建立第一个月球基地的理想区域。水资源保证了基地的长期运作，为进军火星铺路，还有利于开采月球上的"石油"氦-3，这是一种理想的核聚变原料，整个地球的储量只有 20 吨，月球总储量大约为 100 万吨，可以满足全球人类 1 万年的能源需求。

虽然联合国在 1984 年通过了《关于各国在月球和其他天体上活动的

协定》(简称《月球协定》),规定月球及其自然资源是人类共同的财产,但基于"先到先得"这个放之四海皆准的规则,对月球资源与空间的利用取决于谁能更早地建设基地。

本来美国在这方面遥遥领先,"阿波罗计划"完成后,下一步就是建设月球基地,但一来当时不知道月球上有水,估算花费太大,实际回报太小;二来苏联人跑不动了,已经下场休息,美国干脆也拍拍屁股走人,玩航天飞机与空间站去了。

50 年后,美国突然发现,这条赛道上多了一名中国选手。

星辰大海

1994 年 1 月 25 日,美国发射"克莱门汀"探测器再探月球,一大任务就是找水,奏响了人类重返月球的序曲。

眼看老司机又有新动作,欧洲、日本也闹着要上车。

月球似乎唾手可得。第二年,这些国家又在德国汉堡召开了有关月球资源的会议,协调各方制定利益瓜分策略。

虽然中国没有参加上述会议,但欧阳自远在 1994 年开始深入规划中国的探月工程,他提交了《我国开展月球探测的必要性与可行性》报告并获得通过。

2004 年,中国宣布正式启动探月工程,采用家喻户晓的"嫦娥"命名,分为绕、落、回三个阶段,制定了 2020 年以前在月球采样返回的目标,为以后的载人登月、建设月球基地打下基础。

16 年来,中国基本上按照原定计划一步一步地完成了所有的阶段目标。加上预研,中国的登月计划走过了 26 个春秋。

"嫦娥五号"之后,"嫦娥六号"计划在月球南极进行采样,"嫦娥七号"计划执行月球南极综合探测，包括地形地貌、物质成分等，"嫦娥八号"验证能否采用3D打印技术，利用月壤建成科研基地……中国马不停蹄。

美国在2004年由小布什政府宣布"太空探索新构想"，并在此基础上于2005年推出"星座计划"，力争在2015年让美国宇航员重返月球，在月球建立基地。

美国的航天能力依然强悍，不可小觑，如果SLS能够在2021年成功首飞，这种运载能力达到165吨、超越"土星五号"的火箭，将大大推进美国重返月球的进程。

民间航天也是美国的一大亮点。SpaceX正在研发的星舰，有效载荷最高可达150吨，飞船载人能力超过100人，远超当前的上限7人，目标是可重复使用，前往月球、火星等外星着陆。虽然最近一次实验SN8爆炸了，不过一旦成功，就会改变人类航天规则。甚至连亚马逊这样的电商巨头也进入航天领域，欲与SpaceX一决高低。

总的来说，中国胜在整体计划的系统周密与连续性，但在火箭运载技术上有待加强；美国胜在多年来积累的技术优势，但受政治因素干扰总是断档。中美之间形成的这种太空竞赛，更像一场马拉松，谁第一个建月球基地并不重要，重要的是谁能长期稳定地持续下去。比拼的根本，偏向于整体系统的工程能力，而非某个单项技术的突破，在这方面中国人更具优势。无须妄自菲薄，我们的前方是星辰大海。

中美以及全世界的太空长跑，每个参与者都是赢家。真正要拼的，是"子子孙孙无穷尽也"地对科学的传承。

错失良机

[英] 马库斯·乔恩

孔令稚　译

美国国家航空航天局估算了一下，为了将人类送上月球，整个阿波罗计划耗费了大概 250 亿美元。这相当于现在的 1000 亿美元。但是，令人难以置信的是，美国国家航空航天局竟然没能把握住这堪称史上最为珍贵的拍照机会。他们居然没有给登月第一人尼尔·阿姆斯特朗拍照留念。巴兹·奥尔德林是阿姆斯特朗的副驾驶，他没在第一时间给他的同事拍一张照片。

事实也不是全然如此，是有一张阿姆斯特朗站在月球上的照片，但只有他的一个背影！另外还有一张照片里也有他，就是那张著名的奥尔德林登月照。那是阿姆斯特朗给照的，在奥尔德林的头盔观察窗上映着他那小小的白色身影。当时也有模糊的黑白影像从月球发送回地球，记录了阿姆斯特朗和奥尔德林的月球之旅。但也就这些了。人类第一次登月，这个几乎和第一条鱼从海里爬上陆地一样重要的时刻，竟然没有一张好一点的照片记录。

不过这也不能完全怪奥尔德林。根据原定计划，在两个人长达 2 小时 31 分的月球探险中，阿姆斯特朗才是负责照相的那个人。他们使用的相机是特别定制的哈苏电子数据相机，是由哈苏 500EL 款机械相机演变而来，采用 70 毫米胶片和偏振镜。宇航员将它放置在胸前，靠想象感知镜头可能捕捉到的画面，因为相机并没有配置取景器。

在"阿波罗 11 号"探月之旅前，阿姆斯特朗和奥尔德林各自领了一部相机回家用于练习拍摄技巧。然而，月球表面的特殊环境仍给拍摄工作带来了诸多困难。地球上的大气分子可以散射阳光，使光线不至于过于炫目，同时也将光线均匀分散到阴影处，使暗处不至于完全漆黑。然而，月球上几乎没有大气，相机就得同时应对刺目的光和伸手不见五指的漆黑。明暗界限十分明显，犹如被利刃切断一般。这对相机的曝光表来说可是一个大难题。

明与暗的急剧变化不是导致月球表面画面怪异的唯一原因。地球上，空气中悬浮的尘埃使光发生散射，因此我们看远方的事物就会觉得缥缈模糊，我们也会下意识地借此判断事物的远近。而月球上没有空气，便无从判定事物远近了。换言之，你无法判定眼前的山，究竟是 20 米外 20 米高的山，还是 2000 米外 2000 米高的山。因为这两种情况，凭肉眼看上去都毫无区别。但是，仅凭照片人们很难领略到这种奇特的异域感。

我们也不能从照片上感受到月球表面的各种颜色。月球地表可不是灰蒙蒙的一片，而是笼罩在淡淡的银色、古铜色和金色的光芒之下。更为奇特的是，随着相机取景角度的变化，呈现的色彩也会随之变幻。这都是因为月球尘埃的奇特性。地球上的沙粒长年累月地经受海浪、江河湖水的冲刷，在漫长的岁月里，石砾相互摩擦、打磨抛光，最终成为无数个光滑的微型鹅卵石。但在月球上可没有这些操作。月球表面总是不断遭受小型流星体的侵袭，这些星体虽然微小但速度极快。它们撞击在月球岩石上，粉碎岩石的同时也使其温度急剧上升。这样一来，月球表面的沙粒更像融化的雪花，而不是光滑的鹅卵石。当光照在月球尘埃那尖锐锯齿状的表面时，不同方向的反射光差异巨大。因此，从不同角度看到的是不同的色彩变幻。

人们曾非常担忧月球的一些区域会被厚厚的尘埃覆盖，飞行器一旦着陆就会没入其中，万劫不复。举个例子，在阿瑟·克拉克1961年出版的小说《月海沉船》中就有这样的描述："塞勒涅号"月球巡航器搭载着满舱的乘客，绝望地沉没于月球死寂的尘埃当中。然而幸运的是，这种担忧从来没有真正出现过。

据阿波罗项目的工作人员说，月球尘埃闻上去有一股火药的气味。它们附着在宇航服上，让宇航员看上去像矿工一样。哈里森·施密特是唯一一个登上月球的地质学家，他曾搭乘"阿波罗17号"登月，执行阿波罗计划的最后一次任务。但悲哀的是，他竟对月球灰尘过敏。他怕是一路打着喷嚏回来的吧！

微流星体不断地袭击月球，将在约1000万年内完全改变月球表层"土地"的面貌。也就是说，人类遗留在月球表面的足迹并不能被永久保存。

1969 年 7 月 20 日，阿姆斯特朗和奥尔德林在月球静海（月球上众多的月海之一）的尘埃上留下足迹。而在大约 360 万年前，一小群人类部落在坦桑尼亚拉多里的火山尘埃中也踩下一串脚印。这两组脚印的对比便是体现人类文明进步的最佳图示，同时让我们警醒，如果不能找到应对方法，解决威胁人类生存的全球危机，这来之不易的文明又经得起多少磨难呢？

载人飞船有啥用

佚 名

研究对人体影响

在失重状态下，人体有不断下坠的感觉，甚至恶心、头晕，识别方向能力降低，肌肉动作不灵活，产生感觉和运动障碍。载人飞船绕地球飞行并安全返回，可以研究人在空间飞行过程中的反应能力，研究人如何才能经受住飞船起飞、轨道飞行以及返回大气层时重力变化的影响，研究人在太空环境中长期生存所必须的条件与设备。这些研究有助于了解太空环境对人体的影响，为人类开发太空资源，实现太空航行，以至为实现外星移民积累经验。

进行微重力试验

载人航天使人类对太空的认识进一步加深，利用空间微重力、高真空和强宇宙粒子辐射等太空资源，进行微重力条件下的科学试验，生产地面所不能生产的材料，是人类实现载人航天以来一直所梦寐以求的。几十年来，航天员在"太空工厂"里所取得的成果，给人类开发和利用太空资源带来了曙光。

做生物技术试验

在载人航天的实践中，美国科研人员认为，在太空能够制备出体积更大、质量更好的蛋白质晶体。到1994年，美国利用航天飞机在太空中进行了170项蛋白质晶体生长试验，曾多次以比地面高500倍的速率成功地分离了老鼠蛋白和鸡蛋蛋白。比如，美国航天飞机在1988年9月29日的飞行中，获得了可用于抗癌药物的新型干扰素D、可用于研究治疗肺气肿药物的猪弹性蛋白酶、异柠檬酸裂合酶等晶体。

观测地球和天体

由于克服了大气层的干扰，在太空中对地球和天体的观测效果远优于地面，特别是在地面无法进行的X射线探测和紫外线探测，在空间却可以很方便地进行。更为重要的是载人空间飞行，可以充分发挥人的主观能动性，较之卫星观测，能变被动观测为主动观测，因此，能获得比卫星观测更好的效果。多年来，美国、俄罗斯对天文物理的投入越来越大，在空间站或航天飞机上，航天员对太阳、太阳系行星、X射线以及空间粒子进行了大量研究。而且还将在未来的国际空间站继续研究。这些研究将为人类探索太阳系、建立月球基地、载人火星飞行等提供大量基础数据。

为军事行动服务

航天技术首先是为军事应用而出现和发展的，载人航天也不例外。

载人航天的军事活动主要实施军事侦察、地面目标识别、定标、拍摄，利用空间站或航天飞机充当太空指挥所；必要情况下，安装武器系统的空间站或航天飞机还可以对敌方目标进行攻击。

苏联的航天活动一向以军事目的为主。据报道，从"和平号"上拍摄的照片十分清晰，其地面分辨率已达6米。海湾战争期间，"和平号"空间站内的两名宇航员拍摄了伊拉克侵占科威特以及多国部队兵力部署情况的照片，照片上机场、建筑物等清晰可见。

在1982年6月的飞行中，美国航天飞机专门飞越苏联和蒙古国，拍摄了大量的苏联空军飞行实验中心、导弹基地和苏联驻蒙古国乔巴山基地的高分辨率照片。

为天地往返搭桥

载人飞船的重要用途是作为天地往返运输工具，为空间站接送航天员。俄罗斯的"礼炮号"空间站及"和平号"空间站上的航天员都是由"联盟号"载人飞船接送的。而建造的"国际空间站"，其主要运载工具也是飞船。

穿越"黑障"

李良旭

在参加航天专家报告会时，听到这样一个细节：宇宙飞船在圆满完成太空遨游一系列科研任务返回地球前，需要迎来一个关键时刻——穿越"黑障"。

当飞船返回舱脱离原来的轨道飞向地面，在下降过程中，飞船的速度是数千米每秒，刚刚进入大气层的外缘，空气就像一堵坚硬的墙壁，猛然撞向飞船，巨大的过载冲击让飞船猛烈地震动起来。在返回舱距地球约100千米时，飞船表面和周围气体摩擦产生巨大的热量，在飞船表面形成的高温等离子气体层将屏蔽电磁波，使飞船在约240秒的时间内暂时与地面失去联系，这就是"黑障"。

这短短240秒"黑障"时间，对于航天专家来说，显得是那么漫长。

仿佛等待了几个世纪，让人忘记了心跳和呼吸；而它仿佛又是那么短暂，转瞬即逝，迎来一个辉煌的时刻。这240秒，对航天专家有着切肤之痛，但他们又充满自信和勇气。这自信和勇气，是建立在过硬的科研和技术上。

飞船经历的"黑障"，和人生是何等相似啊！

宇宙的视角

万维钢

美国天体物理学家尼尔·德格拉斯·泰森在《给忙碌者的天体物理学》中说，天体物理学带给我们一个"宇宙学视角"。

那宇宙学视角意味着什么呢？最根本的一点就是，这个世界不是因为你而存在的。

我们生活在地球上，这是多么难得的机缘。一个行星要想有生命存在，就必须有液态水。这就意味着行星不能太冷，也不能太热；这就要求行星的轨道距离恒星不能太近，也不能太远。宇宙中，绝对温度是 $-273.15℃$，最高温度是 $4 \times 10^{12}℃$。只有在 $0℃ \sim 100℃$，水才是水。我们的地球正好落在这个区间。而且，地球的大小和密度也正好合适。如果重力太大，就不允许大型动物出现；如果重力太小，什么东西都太轻了，也不行。

可是，这么偶然的机缘，整个宇宙中有多少呢？据天文学家估计，仅仅银河系中，类地行星至少有 400 亿颗。这就相当于，给古往今来每个曾经活过的地球人都发一颗类地行星，还绰绰有余。

在太阳系里，地球的确是非常特殊的，人类这种高等生物的出现难能可贵。可是放眼宇宙，甚至仅仅是放眼银河系，我们似乎一点儿都不特殊。这个宇宙不可能是专门为了我们而存在的。

所以我们现在有个矛盾：考虑到生命，甚至组成生命的每个粒子出现的概率之小，我们应该觉得自己特别幸运；可是考虑到宇宙之大，我们又觉得自己特别渺小。

那么从宇宙学视角出发，人类该如何自处呢？

纽约市某座博物馆曾经放过一部关于宇宙的穹幕电影。观众沉浸其中，以一个假想的视角，从地球出发，飞出太阳系，再飞出银河系，镜头越拉越远，观众能直观地感受到宇宙之浩瀚、地球之渺小。

某常春藤大学的一位心理学教授，看了这部影片深受震撼，感觉自己实在太渺小了。他就给泰森写信，说他想用这部影片搞个现场观影调查，研究一下"渺小感"。

泰森说："我是专门研究天体物理学的，我整天面对宇宙，可是我并没有'渺小感'，我的感受是跟宇宙连接在一起的，我感觉我很自由。"

在宇宙学视角之下，每个人都是宇宙的一个成员。

我们生命最关键的 4 个元素——氢、氧、碳和氮，遍布于整个宇宙。这些元素都不是本地生产的，它们来自早期的宇宙，产生于某个大质量恒星，是恒星爆炸才使得它们在宇宙中传播。宇宙非常非常大，但再大，我们每个人跟它都有联系。

如果我们永远都不可能访问宇宙的绝大部分，那么遥远星系的存在

刘 宏 图

对我们有什么意义呢？

泰森说，就像你观察小孩儿，小孩儿总是把身边的一点小事儿当成天大的事儿。他们以自己为中心，因为他们经验太少，不知道世界上有比这些大得多的事儿。

那我们作为大人，是不是也有同样幼稚的想法呢？我们是不是也会不自觉地认为世界应该绕着自己转呢？别人跟你信仰不同，你就要打击对方；别人跟你政治观点不一样，你就想控制对方。如果你有一点宇宙学视角，你可能就会觉得人跟人的区别不但不是坏事，反而还值得珍视。

探索宇宙可能会给我们带来一些实际的物质好处，也可能纯粹是因为有趣。但是探索宇宙还有一个功能，就是让我们把眼光放得更长远。

如果只看到自己这一亩三分地，慢慢地，你就会认为世界就应该绕着你转，你一定会变得无知和自大。愿意向外探索，是一种谦卑的美德。

创造未来与等待未来

冯　仑

　　未来，既包括我们已知的未来，也包括未知的未来。而这个"未知"有相对性，你的未知和全人类的未知，肯定是不一样的。

　　举例来说，四五年前，我去了一趟美国国家航空航天局（NASA），体验他们的一些训练，然后参观太空博物馆，参观阿波罗登月计划陈列，还有"亚特兰蒂斯号"航天飞机。看了以后，感觉非常震撼。我还认识了几位航天员，和他们聊了天。我突然发现，关于去太空，以前我并不怎么接触，所以对我而言，这是未知的。因为未知，我就不去想这个事儿，也就失去了很多机会。

　　换句话说，如果你获取信息的渠道越来越窄，获取的信息越来越少，这时候你的未知领域就扩大了。

于是，你的决策空间、你的未来的可能性就变小了。

去太空这件事情，以前我不知道，对很多人来说也是如此。所以这属于未知领域，于是我们就放弃了与之有关的决策。

我在美国国家航空航天局参观完以后，对我而言，去太空这个事儿就接近已知领域了。我觉得这事儿不太复杂，可以尝试。就像在美国，那么多小孩儿天天跟航天员聊天，对他们来说，那都是已知领域。

所以我们就能够理解，为什么要带 100 万人上火星的是马斯克，而不是咱们，咱们中少有人想这个事儿。对咱们来说，这些事属于未知领域。因为未知，所以迟钝。

后来我在英国的福斯特设计公司看到了他们设计的月球上的房屋，我被震撼了。这个事儿原来离我们人类这么近，对他们来说，这个事儿很多人都可以做。

最近我又看到连火星上的房子也设计好了。因为马斯克想要把 100 万人送上去，他总得研究这个事儿。而且我在英国爱丁堡又看到，在火星上工作的机器人也已经做好了。然后我又发现，原来我们人类的火箭的速度已经这么快了。我们到月球只需要两天半的时间，到火星需要 6~8 个月。而大约 100 年以前，从中国到美国坐船的时间都要 6~8 个月。所以，很多事以前我们未知，我们的"未来"就相当于被自动屏蔽，就到此为止了。可见，人一定要学习，要打开想象力，让未知的领域越来越少。

知道了可以去太空这个事儿，我就觉得我也应该试试，就去折腾。所以 2018 年 1 月，我在酒泉发射了国内第一颗私人卫星。接着又去折腾。对我来说，这个事儿已经变成已知了，并不是那么复杂，所以我就想换一个方式，我甚至想把我的基因放到太空去。2018 年 10 月，我在太原又发射了一颗卫星。

　　这之后，我找到一个朋友，我说我们要设定一个新的使命，为人类的太空移民计划做一件事情。我说，马斯克的太空移民这件事情，我认为他在技术上还是先进的，但是他有一些不靠谱的地方。

　　第一，把100万人移去火星的成本。马斯克计划的是，每当火星与地球距离最近时（每26个月一次），巨型火星运输飞船就执行一次运输任务，每艘飞船可以载客100人以上。他希望最终能建造至少1000艘飞船，在未来50~100年，将100万人送到火星。但是，成本是个大问题。马斯克所设想的理想代价，是每个人去火星只需要花20万美元，然而以目前的技术水平，这个成本至少是100亿美元。

　　第二，把哪些人送到火星上去呢？中国人也好，美国人也好，日本人也好，如果这100万人到了火星之后，还是地球人的社会形态，他们见面吵架还是在吵地球上的事，我们有必要费这么大力气把他们送上去吗？难道我们把他们送过去的目的是让他们把在地球上没有吵完的架在火星上继续，把在地球上没有进行的战争跑到火星上真的进行一次吗？所以在火星上，人跟人的关系，一定不能复制地球上的模式。

　　第三，人类对火星了解到什么程度了？在20年前，已经有探测器到火星了。在火星上的探测器，工作时间最长的超过3年。我们对火星的了解已经很多了，它的地表温度、地貌特征等，已经研究得很系统了。

　　根据已知的这些信息，地球人上去，皮肤、肌肉、骨骼肯定适应不了。那就有两种解决办法。一种是设计一种特殊的衣服，就像我们在电影里看到的那样；另一种是，我们能不能通过基因编辑技术改造人？比如说，到了火星，你的心跳、血液循环都会发生变化，你的皮肤也会变得粗糙。如果经过基因编辑以后，你的皮肤会变得厚一点儿、骨头会变得硬一点儿，不就能适应火星的环境了？

黎 青 图

　　所以我们就想怎么解决这三件事儿。如果大家想做火星计划的志愿者，自愿未来某一天移民到火星，也许你可以把你的基因交给我们这个公司，我们将在约定的时间，把你的基因放到太空保存起来，将来条件成熟时再把它在经你同意的情况下运送到火星，然后用基因编辑的方法把"你"造出来。

　　这就相当于你把你的东西、钱存在银行，把你的宝贝放在保险箱里一样，你交给我保管费，然后你成为人类去往火星的志愿者。在未来的某个时间，你就可以选择去火星。

　　我要讲的是，在这个事情上，我的认知由"未知"变为"已知"，我心目中的未来，便开始有了画面。刚开始只有我一个人相信。后来我说服了一个老板，然后我们俩一起投资。再后来，当我把这件事的详情告诉大家的时候，慢慢地这个公司的人全都相信了，然后是生物学家、火箭专家……慢慢地，更多的人会知道、接受并相信这件事可以做成。

　　很多事的发展都是如此。所以，同样的一个未来，为什么有些人会因为所谓的"短视"或者说"视野狭窄"而看不到，就是源于对某种知识的缺乏，以及由此导致的内心的局限。一旦你解除了这些限制，看到更多的可能，你的未来的可能性就大了。

　　我们常说，"伟大的人创造未来，普通的人等待未来"。企业家就是要创造未来。我们不是漫画家，可以随心所欲地画一个东西给大家，我们是要做出一个未来，是要把想象中的未来变成真实的未来，并且能够给人们带来财富，满足人们某一方面的需要，或改善某一种经济环境，同时也推动社会某一个方面的进步。

　　所以我们围绕着"未来"翻来覆去地讲，其实就是在说一件事情：通过学习、研究、交流，扩展我们的视野，使我们在基于"未来"做决策时，可以把不确定的东西变得确定，把狭窄的视野拓展开来。

那个发现冥王星的年轻人

假装在纽约

不久前，"新视野号"探测器近距离飞过冥王星，人类第一次清晰地看到了冥王星的样子，那是人类探索太空历史的重要时刻。

"新视野号"上共搭载着9件纪念品，其中最有意义的，大概是冥王星发现者克莱德·汤博的一部分骨灰。

汤博1906年出生在美国伊利诺伊州，后来，他的父亲在堪萨斯州买了一块农场，于是全家都搬到了堪萨斯州。在汤博小的时候，他的叔叔送了一架望远镜给他，让汤博养成了看星星的习惯。一场冰雹砸坏了农场所有的农作物，几乎让他家破产，也断送了他上大学去读天文学的希望。没有上成大学的汤博，继续坐在地里看星星。商店买的望远镜已经无法满足他的需要了，于是在20岁那年，他开始动手自己做望远镜，所用的部件是从家里一辆 1910 年出厂的别克汽车和农用机械上拆下来的，镜片也是他自己手工磨出来的。之后两年，他又自己做了两架望远镜。就是用这些简易望远镜，汤博细致地观测了火星和木星。他把自己绘制的图寄给了罗威尔天文台，希望能够得到专家的意见。

建于 1894 年的罗威尔天文台是由富豪商人帕西瓦尔·罗威尔出资建立的私人机构。罗威尔也是一个很有故事的人，他 38 岁时读了一本写火星的书，随后对天文学产生了浓厚的兴趣，倾尽财力研究天文，成为一名天文学家。罗威尔天文台位于美国亚利桑那州的旗杆镇，那是一个地广人稀的高海拔山区小镇，很适合天文观测。

汤博自绘的观测图给罗威尔天文台的天文学家留下了深刻印象。1929 年，他们邀请汤博到天文台工作，参与 "Planet-X" 研究计划。

早在 1781 年人类发现天王星之后不久，天文学家就推断太阳系还有其他行星的存在。1846 年，海王星的发现并没有消除这个疑团，因为在考虑了海王星的影响后，天王星的运动轨迹和理论值仍然存在偏差，这表明还存在其他星体的影响。

"Planet-X" 计划的目的，就是找到这颗神秘的行星。而汤博日常工作的很大一部分，就是比较望远镜在不同时间拍摄下来的星空图片。每张图上少则有 15 万颗星星，多则可能会有上百万颗，要从中找出不同，真的是一件非常考验眼力的事。

1930 年 2 月 18 日，这是一个历史性的日子，汤博在比较两个星期前拍摄的两张星空图时，发现了一个位置在变动的星体。

一个月后，罗威尔天文台经过确认，正式宣布了第九大行星的发现。他们面向全世界为这颗新的行星征名，最后采纳了一个 11 岁小姑娘的建议，用罗马神话中的冥王 Pluto 为它命名。

发现冥王星之后的汤博获得了巨大的荣誉，他拿到了堪萨斯大学的奖学金，获得本科和研究生文凭。上完学后，他又回到了罗威尔天文台，直到 1943 年才离开。

1997 年，汤博以 91 岁的高龄去世。晚年他总结自己的一生时说："我游历了所有的天堂。"而这样的游历，始于许多年前那个在堪萨斯州农场看星星的小男孩儿。

他证明了地球自转

韩吉辰

著名的"科学难题"

19 世纪中叶，在全世界物理学家面前摆着一道难题：证明地球的自转——就是证明地球本体的旋转运动。地球环绕太阳运转的同时，自身也在不停地旋转着，这种旋转运动就叫作"地球自转"。旋转 1 周就是 1 天，约等于 24 小时。

"我们在地球上，看到日月星辰每天东升西落，这就是地球自转的证明。"物理学家说，"这个道理就好比我们坐在旋转的木马上，看到周围的景物在旋转一样。"可惜这样讲说服力不强，因为人们"亲眼"看到的毕竟是日月星辰在转啊！能不能用实验来证明呢？物理学家经过一系列研究和实践之后发现，这样做简直困难极了！地球那么大，人们在随着地球日夜不停稳稳地转动，就像在平稳行驶的船舱中，"船行而人不觉"。要想在地球上用实验来证明"地球自转"，几乎很难实现。于是有权威断言说：要想直接证明地球自转，要想"亲眼"看到地球自转，除非人类离开地球！

震惊巴黎的实验

1851 年的一天，巴黎发生了一件轰动全市的奇闻。人们争先恐后奔走相告："我看见地球自转了！"接连几天，巴黎先贤祠（又称名人纪念堂）门口人声鼎沸，拥挤不堪。人们来到这座高大建筑里，只见高高的圆屋顶上悬挂着一个巨大的单摆，摆长 67 米，相当于二十几层楼的高度，下面是一个沉重的铅球，在缓慢、单调地摆动，每分钟还不到 4 个来回。"这有什么稀奇？不过是个巨大的单摆而已！"人们不禁有些失望。

"请注意单摆的摆动方向！"一个衣着朴素的年轻人提醒大家。

人们安静下来，顺着他的手指望去，只见台面上撒了一层细沙，巨摆紧贴着台面摆动，细沙上留下了一条又一条清晰的痕迹。几分钟过去了，人们不禁惊奇起来：原来，单摆的每一次摆动，方向都有一点微小的变化。1 小时以后，居然变化了十几度！"摆平面在转动呢！"

这就是大家目睹的结论。"可是，是什么力使巨摆在转动呢？"大家迷惘地四处张望，找不到这种力啊！

这时候，那个年轻人站出来大声地说："女士们、先生们，单摆摆动的方向并没有变，是我们脚下的地球在时刻不停地转动！"经过几分钟的安静之后，人群又一次沸腾起来："简直不可思议！"大家完全被这个出色的实验征服了。在巨摆下面，地球自转竟然表现得这样清楚、这样分明！一些顽固的教徒看得目瞪口呆，有人甚至晕倒在地："上帝啊，地球真的在转动呢！"

更多的人拥上去，紧紧地和年轻人握手，向他表示祝贺，祝贺他第一次在地面上科学地证明了地球的自转！

改变方向的是地球

这个年轻人就是法国物理学家——傅科（1819—1868），那一年他只有 32 岁。他从小热爱科学，学习刻苦，长大后很喜欢钻研科学难题。在"用物理实验证明地球自转"这个有名的科学难题面前，他没有被权威的断言吓倒，而是勇敢地向这个堡垒发起进攻。

"必须设计一个巧妙的实验。"傅科想。可是一时却想不出什么好办法。这一时期，傅科正在深入研究单摆的运动规律。早在傅科之前，意大利科学家伽利略已经用实验发现：尽管单摆每一次摆动的角度都不相同，但是它往返一次所需要的时间，却总是相同的，这叫作"单摆的等时性"。根据这个原理，荷兰的惠更斯后来发明了摆钟。

但是傅科认为，单摆运动看起来简单，实际上却很复杂，还有很多规律值得继续研究。他在家里悬挂了一个长长的单摆，从天花板直到地面，因为摆线越长，摆动就越慢，空气阻力影响就越小，单摆推动以后，可以几十小时连续摆动不会停下来。

在夜深人静的时候，傅科推动了这只沉重的单摆，单摆沿一个平面缓慢地摆动起来。傅科仔细地测量了单摆的摆动角度（也就是振幅）以后，就打开一本书看起来，想过一会儿再量一次，看看空气阻力对单摆运动的影响到底有多大。几小时过去了，傅科从沉思中抬起头来，想看看摆动幅度减小了多少。这时，一个意想不到的现象出现了：开始时单摆的

摆动方向是跟自己接近于平行的，现在居然偏向自己了。

傅科不相信地揉揉自己的眼睛，一点儿没错！他干脆放下书，找来一些细沙铺在地板上，使单摆的尖端在沙面上划过。一段时间后，单摆留下的痕迹就偏离了原来的方向，沙面上形成了两个对顶的扇形。

奇迹！真是个奇迹！因为根据牛顿第一运动定律，运动着的物体在没有受到外力的时候，总是保持着匀速直线运动状态。也就是说，单摆在没有受到外力作用的时候，摆动的方向是不应该发生变化的。

摆动的方向应该永远和开始的时候完全一致。那么，眼前的奇怪现象又该如何解释呢？傅科绞尽脑汁，苦苦地思索着。

突然，一种灵感在他脑中浮现："单摆的摆动方向确实没有变化，真正改变方向的是地球，因为地球在转动。"傅科紧紧抓住这个"逆向思维"的思路，进行认真的思考和推理，一个科学的答案在头脑中逐渐形成。

傅科兴奋极了，啊！这是一个多么重要的发现呀，原来在屋内看见的"地球自转"竟是这么明显。他马上找来有关资料，拿起笔和纸，紧张地计算起来。当太阳在东方喷薄欲出的时候，傅科终于得出了满意的结果：计算证明，自己的设想完全正确。

在其他科学家的支持下，傅科勇敢地在先贤祠挂起了巨摆，这个巨摆直径为 30 厘米、摆锤重 28 千克、摆长 67 米，将它悬挂在巴黎先贤祠高高的圆屋顶中央，使它可以在任何方向自由摆动。下面放有直径 6 米的沙盘和启动栓。并且当众开放实验，让人们亲眼看看地球的"自转"！

权威低下了头

傅科的公开实验取得了巨大成功，可是一些顽固的权威仍然在摇头。有人说，傅科是在捣蛋，是在表演"魔术"，这个巨摆是"魔鬼摆"。还有人说傅科的实验亵渎了神圣的教堂，扬言要控告他。

在权威的攻击和诽谤面前，傅科毫不退让。这一实验又被移到巴黎天文台重做，在众多科学家的眼前得出了相同的结论。后又在不同地点进行实验，发现摆的摆动面的旋转周期随地点而异，其周期正比于单摆所处地点的纬度的正弦，在两极的旋转周期为24小时。摆动面旋转的方向：北半球为顺时针，南半球则为逆时针。

傅科又在巴黎公开举行科学讲座，向广大群众说明巨摆为什么可以证明"地球自转"。如果我们在北极点竖起一个支架，挂上巨摆，让摆动方向和支架方向平行，由于北极点处于地球自转轴的顶端，支架就会随着地球一起转动，每过1小时变化15°，24小时转1圈。而巨摆的摆动方向是不会改变的，仍在那里按原方向摆动，当我们站在支架下面的时候，却看到巨摆的摆动方向变了，这仅仅是一个错觉：真正改变了方向的是地球、支架和我们自己。

"可是，我们眼前的巨摆摆动面转得慢一些，要32小时才变化1周呀？"一个性急的人问道。

"这是因为巨摆不在地球自转轴上的缘故。"傅科耐心地解释，"计算和实验都说明，地理纬度越低，巨摆摆动方向的变化就越慢；如果我们在赤道架起巨摆，摆动的方向将不发生任何变化，因为这时支架的方向已经不随地球的转动而改变了。"

"你把摆挂在了一个多么薄的支架上啊！"一个观众惊讶地叫喊。

"这是一个非常重要的条件，"傅科微笑着回答，"让摆支撑在吊环上的接触点越小，摩擦也就越小。只有这样，我们才可以把它看作是一个不随着地球转动而保持着自己的固定方向的自由摆，才能看到地球的自转。"

"为什么要把摆做得这么长这么重呢？普通单摆行吗？"又一个好学

的青年问道。"其实也是可以的，"傅科转向这位青年，"我把摆做得长一些，摆锤重一些，都是为了使摆动持续较长的时间。摆线长，摆动就缓慢；摆锤重，本身的惯性就大，这样空气阻力对摆动的影响就小些。这都可以使我们将摆动方向的变化看得更清楚。"

真理的声音是封锁不住的！在铁一般的事实面前，在准确的实验数据面前，那些顽固的权威最后都低下了头。由此，年轻的傅科被授予"荣誉骑士五级勋章"。各国科学家研究决定，把巨摆命名为"傅科摆"。从此，世界各地的博物馆、天文馆和物理教学楼里都经常安排这个经典实验。

航天轶闻

张明昌

最早因病返回的航天员

尽管航天员具有超一流的体魄，但人吃五谷杂粮，头疼脑热在所难免，尤其是在全新的太空环境中，"航天综合征"更会折磨这些航天员。虽然大多数航天员都能慢慢适应，但也总会有少数航天员无法坚持下去。首开先例的是苏联的弗拉基米尔·瓦休，1985 年他与其他两个同伴在"礼炮－联盟 Tl4－宇宙 1686"联合体上工作，两个月后其病情日渐严重，以致当局只得下令，让他于 11 月 21 日午夜提前返回地面接受治疗，但当时苏联的惯例是严加保密，所以其病情按官方所言是："情况还可以，但需住院治疗。"

在天上变了国籍的航天员

1991 年 5 月 18 日，苏联航天员克利卡廖夫兴高采烈地上了"和平号"轨道站。不料不久就风云突变，"苏联"变成了"独联体"，这场巨大的政治风暴使他不知所措，因为他本是哈萨克斯坦人，而在当时的混乱状况下，根本无人来考虑他的归宿问题，他甚至不知道何时可以回到人间，返回后到哪儿去安家、工作。当时俄罗斯和哈萨克斯坦所关心的是，如何用他来作为向对方讨价还价的筹码。因为火箭发射场在哈萨克斯坦境内，所以哈萨克斯坦要向俄罗斯索讨巨额的"发射费用"，而俄罗斯则强调克氏是俄罗斯培养出来的哈萨克斯坦的第一位航天员，"培训费"远远超过了"发射费"……

不听指挥受罚的航天员

1995 年 6 月，俄罗斯的"和平号"空间站正在做与美国"亚特兰蒂斯号"航天飞机对接的准备工作，此时地面指挥官发现其有一太阳能帆板出现故障，另外还有一个舱体有轻微的氧气泄漏，于是他们发出指令，要求弗·杰茹罗夫和肯·斯特列卡洛夫赶紧出舱，进行第 6 次太空作业予以修理，不料二人认为他们原来的合同中没有这项额外任务而拒绝执行。地面指挥人员苦口婆心劝解多时，甚至还让他们的妻子来做工作，可二人仍以老资格自居，最后，俄罗斯决定对二人各处以减少报酬 15％的罚款——4500 美元。

因违纪被开除的航天员

1990 年，美国宇航局第一次做出了开除两名航天员的决定，其受罚者是吉布森和沃克。原本分别要在第 46 次与第 44 次的航天飞机飞行中担任指令长，可前者因在 1990 年 7 月美国得克萨斯州的一次航空比赛中，因操作失误与对手撞机使他人坠机死亡（他本人却安全着陆了）；后者是违反了规则，差点与一架 "A310" 相撞。吉布森还被罚在一年之内不得驾驶 F38 飞机，沃克则被告知以后只能做地勤工作。

成了百万富翁的航天员

航天员从"天上"回到人间后，往往会名利双收，有人因而官运亨通，当上了议员、将军，成为新闻界的红人，更有人因此财源滚滚。如在 1998 年以 77 岁高龄重上太空的约翰·格伦（他是美国第一位真正实现环球宇宙飞行的英雄，著名的"水星七杰"之一），也曾借助其声望，加上本身的努力，竟创下连续 4 届（24 年）担任州参议员的纪录，其个人年收入也从原先不到 1.4 万美元猛增到 90 万美元（1985 年），当时他所申报的个人财产已达 400 万美元。格伦重返太空的壮举在全世界都产生了深远的影响，他在日本的一次记者招待会上说："人要有理想，要有追求。理想与追求跟年龄无关……人不能用日历去计算年龄，这会让你越算越老。我总是有自己的梦想和追求，这样，年龄就不再是负担了。"

大名上了月球的航天员

月面环形山向来是以科学家命名的，进入太空时代后，先后有 17 名航天员光荣地上了月面。占据正面的是"阿波罗 11 号"上的 3 名宇航员：阿姆斯特朗、奥尔德林与柯林斯。在月背面则有 14 座，由于苏联在先期探索月球方面的成就，故其中 11 个是苏联人，两位牺牲者是加加林与科马罗夫；其他还有第一对太空夫妇——尼古拉耶夫和捷列什科娃，第一位太空漫步者列昂诺夫等。3 个美国人则是世界第一次到达月面上空、绕月球转动的"阿波罗 8 号"上的博尔曼、洛弗尔和安德斯。

"化为"小行星的航天员

太空探索常要付出血的代价，至今已有 10 多位勇士魂断太空。

为了让后人永远铭记他们的功勋，国际天文学联合会已经将其中 11 位先烈的大名命名了游弋在宇宙空间的小行星，其中有 4 颗是苏联人：第一太空人加加林（第 1772 号，他也是唯一同时获得月面环形山与小行星命名的航天员），多布洛夫尔斯基（第 1789 号）、伏尔科夫（第 1790 号）及巴扎耶夫（第 1791 号）——此三人是因"联盟 11 号"飞船密封舱失灵，牺牲在 1971 年 6 月从太空回来的途中。第 3350~3356 号 7 颗美国小行星，则是为纪念 1986 年"挑战者"航天飞机爆炸时遇难的 7 名航天员，他们分别是：斯科比、史密斯、麦考利夫（女）、贾维斯、麦克奈尔、鬼冢和雷斯尼克。

"超级明星"加加林

维 谦

因祸得福

世界上第一个升入太空的加加林如果至今健在，应该是 65 岁的老人
了。人们也许想象不到，当初加加林其实是个极其普通的人，只不过比
较走运罢了。他生于一个很偏僻的地方——苏联格扎茨克附近的斯莫棱
西纳，经历过德国法西斯的入侵，耽误了学业，因此才上了技工学校，
并从学校应征入伍，进了空军。体格检查只是勉强通过：个子太矮。在
飞行训练中，就因为个子矮、视野不开阔，着陆时老出问题。后来特意
给他加了坐垫供着陆时使用，情况才有所改善。总之，无论干什么，他
始终锲而不舍，不达目的决不罢休。于是，渐渐受到领导的青睐。

个子这样矮，怎么会入选宇航员呢？原来，飞船的设计者、堪称苏联火箭之父的科罗廖夫最初给宇航员预留的空间很小，那个球体的重量和尺寸均由火箭的"头部"决定，本来并非为载人上天设计，而是为了装上可以打到美国去的核弹头。体积有限，所以才专挑个子矮的。当年曾训练过这批宇航员的加莱说得不错："这样的飞行员随便哪个航空团里都可以找出一二十个。"加加林真可以说是因"祸"得福。

开始选了20个候选人，从中只要了6人。科罗廖夫心急如焚，因为美国人要在载人飞船上天方面抢先一步，对苏联最先发射人造卫星报一箭之仇，他们指望做弹道飞行。尽管宇航员在失重状态下仅仅飞行15分钟，不过是飞越大西洋而已，可那毕竟是"太空飞行"啊。

第一次载人飞船上天的日期在很大程度上恰好是由美国定的。美国人最初将阿兰·谢泼德"跃入太空"定在1961年4月20日。科罗廖夫必须提前数日将"东方号"飞船发射升空。发射需在4月11日—17日进行。谁最先上天呢？要由国家委员会在航天器发射场上确定。加加林和季托夫有幸中选。

英雄诞生

升入太空的第一人会碰到什么问题呢？时至今日，还有人回忆起那个秘密的信封，里面一张纸片上写着两个阿拉伯数字："25。"这是打开"东方号"飞船手控系统的密码。因为飞行系自动控制，加加林无需参与控制，他不过是个监督者而已。然而，万一自动系统失灵，他就得亲自控制了。加加林得先拆开信封，按了密码"25"之后，方可启动指挥飞船降落的手控系统，为什么不把密码告诉宇航员，偏要藏在信封里呢？

之所以搞得这么神秘，是因为当时以为人一旦进入太空，从茫茫宇宙中看见自己所居住的星球，就会失去理智。心理学家和医生都令人信服地进行了这样的论证，最后连科罗廖夫本人也相信了。人在太空中一旦失去理智，就恨不得马上亲自控制飞船。为了避免发生这种情况，给控制台加了闭锁装置。如果宇航员尚未失去理智，他就可轻而易举地打开信封，看到秘藏的号码。今天看来，这样的预防措施未免显得幼稚可笑，但在40年之前看来倒是非常有必要的。因为谁也不曾到过太空！

4月12日，苏联塔斯社预备了3份声明。第一份是一切顺利；第二份是万一飞船没有进入轨道，掉到哪个深山老林里或者茫茫大海中。如果出现这种情况，就要请求各国政府帮助寻找宇航员了。第三份则是报告第一个宇航员不幸遇难的消息。

幸而第二份和第三份声明都没有派上用场……

加加林上天的消息刚刚发布、英雄的照片传遍全球之后不到数分钟，他就成为人人喜爱的"超级明星"。英雄的微笑更是具有了传奇的色彩。这突如其来且无与伦比的荣誉对他是个考验，他经受得住吗？如果说经受得住，那是口是心非。

一切都发生得如此神速。"我觉得我的全部生活仿佛是美妙的一瞬。"事后加加林这样说道。1小时多的飞行，简直是感慨万千！而且曾经有那么几秒钟感到过恐怖：只见舷窗外火光四射。是飞船着火了吗？那是"东方号"的涂料在燃烧，是事先设计好的，但此前谁也没有见过，眼睛也并非时时都受理智的支配……不过后来就是伏尔加河两岸的原野和司空见惯的降落伞了。他回来了！拥抱，喜悦的泪水，同赫鲁晓夫的谈话……接着，苏联和外国的"神"都纷纷与他握手、拥抱，一起举杯痛饮。如今他觉得自己也是"神"了……

走出"梦幻"

第一次清醒是在克里米亚的疗养所里。他碰破了前额，终身留下了一道深深的伤疤。受伤原因有两种说法。一种是"真理捍卫者"的说法：加加林在海里游泳，风大浪高，他突然发现一个男孩儿溺水，当即前往救援，将男孩儿抛到岩石上，自己却前额受伤，这下已是救加加林本人的问题了……第二种说法就比较平淡无奇了：加加林喜欢上一位女护士，作为一个真正的绅士，加加林从二楼的窗户跳了出去，这次着陆不太成功——他掉到一个砖砌的花坛上。一块砖头使他的前额受了重伤……两种说法，孰是孰非，任君选择。反正加加林和季托夫出席党代表大会时，不许记者拍照。克格勃对此事还盯得挺紧。

第一个上天的宇航员在地球上的日子并不好过。他无论走到哪里，硬要跟他交朋友的大有人在，无论走到哪里都是盛宴款待，想谢绝根本办不到，怨恨和责备的话全来了。荣誉并未离去，倒成了习惯。

他开着国家赠送的伏尔加小轿车闯红灯，出了车祸。好在双方都未受伤，但加加林把自己的车和对方的车毁得够呛。赶到出事地点的民警自然一眼就认出加加林，冲他一笑，举手行礼，并保证"追究肇事者"。对方是个退休老者，在加加林面前也赔着笑脸……民警拦了一辆车，让司机把加加林送到目的地。司机当然是满口答应。加加林坐上车走了，但显然他内心很不好受，他让司机把车又开回出事地点。民警正在把他的责任记到老者的头上。加加林自然恢复了公正。他帮助修好对方的汽车，并承担了全部费用。

此次出事后他的性格变化很大：他开始慢慢摆脱荣誉狂热症。加加林坚持要加入为新的"联盟号"飞船上天做准备的小组。后来，他成了宇航员训练中心主任，他似乎可以不训练，可以不准备新的飞行。然而，这已经不是那个从太空中向我们露出孩子般笑容的加加林上尉了。这是已经学会不仅对自己负责、而且对自己下属负责的加加林上校。当时正计划建立第一个实验性空间站，加加林是其中一个机组的成员。准备这次新的太空飞行成了加加林的主要工作。仿佛一切都是重新开始……

这次太空飞行，英雄与成功擦肩而过。命运的安排是让他在人类的记忆中永远年轻。

人生的契机和姿态

卞毓方

命运的转折，常取决于外界一个微小的引诱或刺激。

譬如说陈省身。小时候，父亲在杭州工作，他跟着祖母待在老家嘉兴。有一年，父亲返家过春节，给他带了一份礼物，是当时流行于新式学堂的《笔算数学》，分上、中、下册，是美国传教士狄考文和中国学者邹立文合编的。还家当日，父亲觉得儿子还小，仅仅给他粗略讲了讲阿拉伯数字和数学算法。谁知陈省身一听就爱上了，他私下里慢慢啃，越啃越有兴趣，没过几日，居然把3册书啃完，并且做出了其中大部分习题。陈省身无意中闯进了数学的殿堂。

譬如说钱学森。初中阶段，一次课余聊天，有个同学说："你们知不知道20世纪有两位伟人，一个是爱因斯坦，一个是列宁？"众人闻所未闻，面面相觑。20 世纪 20 年代初，国内新闻传播相当滞后，爱因斯坦的相对论虽然问世 10 多年，列宁领导的"十月革命"也已过去了五六年，但他俩的大名和事迹还没有广为人知。见状，那个同学侃侃而谈，他说："爱因斯坦是位科学巨匠，列宁是位革命巨匠。学校图书馆有关于他俩的书。"钱学森听得心痒，就从图书馆借了一本爱因斯坦的《狭义与广义相对论浅说》，内容似懂非懂，心扉却轰然洞开，他看到了身外有宇宙，宇宙有无穷奥秘。正是从那时起，他思想的触角，开始试探太空的广阔与自由。

由陈省身、钱学森又想到侯仁之，他们仨同龄，都是 1911 年出生，但是后者的起步阶段，远没有前两位幸运。侯仁之幼时孱弱，也没大病，就是弱不禁风，碰一碰就倒的样子。他就读的博文中学是一所教会学校，体育风气浓厚，各种项目之中，篮球尤为大家喜爱。班班有篮球队，经常举行班际比赛。侯仁之也想上场一试身手。一天，他壮着胆子找到本班的篮球队队长，说出了自己的心愿。队长看看他，矮、瘦，而且黄，一副病快快的样子，岂能硬碰硬地打篮球？队长摇头，断然拒绝。其实，不要说班代表队，就是本班同学玩球，大伙分成两拨，哪一拨也都不要他。侯仁之被孤立在篮球运动之外。他感到绝望，由绝望中又生发出豪气：既然玩不了球，我就练跑步——跑步，是不要别人恩准的。从此，每天下了晚自习，他就围着操场，一圈又一圈地跑。他坚持了整整一个冬天，风雨无阻。转过年来，学校举行春季运动会，体育委员找到他，说："侯仁之，你参加 1500 米赛跑吧，怎么样？"侯仁之感到突然，他说："我可从来没有参加过比赛呀。"体育委员说："你行，你肯定行，我看见你天天晚上练来着。"于是，侯仁之硬着头皮报了 1500 米赛跑。比赛开始，发令枪一响，侯仁之就拼命往前冲，跑过一圈又一圈，转弯的时候挺纳闷：怎么旁边一个人也没有？回头一看，哈，所有的人都被他甩得老远！

侯仁之获得了冠军。

人生是一场马拉松，各有各的跑法。仍拿陈省身作例，他的"跑"，就是玩。陈省身不爱体育，中学时，百米成绩居然在 20 秒开外，比女生跑得还慢。但是，他懂得玩。他的玩，不是外在的，而是内向的，他玩数学、玩化学、玩植物学、玩围棋、玩一切他喜欢的功课和项目——他是同知识玩，同自己的心智玩。钱学森读的是北京师范大学附属中学，受到的是全面发展的教育，他喜欢体育运动，更喜欢数学、音乐和美术。若干年后，他曾向加州理工大学的一位同事表示：根据定义，一则数学难题的解答，具体呈现就是美。因此也可以说，钱学森的"跑法"，就是追求美。

说到侯仁之，他的人生姿态，绝对是长跑。体弱多病和长跑健将，这两者很难令人产生联想，但是，侯仁之把它们串联在一起了。起初是出于无奈，跑着跑着，事情就发生了质的变化。跑步不仅使侯仁之告别羸弱、赢得健康，而且成了他生活的动力、奋发的标志、人格的象征。

侯仁之从博文中学一路跑进燕京大学，从本科生一路跑到研究生，跑到留校当教师。他名下的 5000 米校纪录，一直保持了 10 多年，直到 1954 年，才被北京大学的后生打破（1952 年燕京大学并入北京大学）。侯仁之先生的影集里，保留有在燕大长跑时的雄姿，其中一幅注明是"终点冲刺"，画面上的他赤膊上阵、精神抖擞、一马当先。

顺便说一说，陈省身以玩的姿态，一路跑到 93 岁；钱学森在追求美的路上，跑进了 98 岁；侯仁之呢，长跑进了 102 岁。

普通人提问太空

张 嘉 萧 扬 编译

人类要上太空居住了？ 2000 年 10 月 31 日，美俄第一批长驻太空的宇航员前往国际空间站，引起了人们对于太空新一轮的关注，人们纷纷猜测：我们普通人上太空是否也为期不远了？

在美国国家航空航天局（NASA）的网站里，世界各国的人们对于太空提出了各种各样的问题，我们摘译了一部分，看看其中是否有你想知道的。

1. 去太空旅游的梦想真的有一天会实现吗？安全吗？

我想是的……至少对一些人而言。去太空旅游，我们面临的最大因素是发射成本。目前，每千克耗资达 22 046 美元，美国国家航空航天局打算在 20 年内将成本减少为 2205 美元。而到 2020 年，利用新一代的设备将费用缩减为几百美元。据调查，人们愿掏110 230 美元做一次太空旅行，这折合为 1 千克的费用是 882 美元。

关于太空旅游的设想非常之多，最可能实现的是 20~40 年内，太空将成为一个非常诱人的新的旅游地，但要注意的是参观太空绝对不是普普通通的野餐，也决不会比乘飞机从纽约去巴黎安全！

2. 美国国家航空航天局是用磁场来改善宇航员在太空中的健康情况吗？

不是，关于磁场，人们普遍存有误解，也不太清楚其好处在哪儿。这也是现在，人们常在广告中看到"磁力手镯治病"的广告仍深信不疑的原因。事实上，宇宙飞船中最不需要的就是磁场，因为它会干扰一些小的金属部件，美国国家航空航天局也并未在宇航员身上用过磁场，可能关于磁场对人体有何益处颇让大家感兴趣，但宇航员从未做过此类医疗实验。

曾有人建议大规模使用磁场以使宇航员避免宇宙射线和太阳能粒子的伤害，但要做到这一点，磁场量就需很大，而这又会影响宇宙飞船，所以客观上是不可行的。

3. 为什么走路这一简单行动在太空会变得复杂而奇妙？

因为太空行走是有危险的，一旦供氧系统出现故障会导致立刻死亡，一颗强硬的微流星体打中就会像被高压电击，甚至可能更严重……因此只要你待在宇宙飞船中，你就会相对安全，因为迈出去时，你不知道有什么无法预测的事等着你。

4. 宇航员有"出差"补助吗？

美国宇航员属于政府公务员，他们的薪水同其他一样级别的公务员是一样的。他们同其他公务员一样会填张"出差表"而得到补助，补助大约是一天 100 美元，他们不是根据"旅行"的里数计算钱，这是因为：①他们不是开自己的私家车；②他们"出差"用的是政府配置的设备。总的算来，美国宇航员的年薪是 7 万 ~12 万美元。

5. 为什么我们不再去月球了？为什么我们对在月球漫步和去火星旅游不感兴趣？

因为去太空旅游不是我们地球人生物进化所必需的，这同 100 年前我们的老祖宗移民到其他国家是不一样的。我们不能仅从情感上讨论到太空去，虽然近 40 年，这一设想已成为推动科技进步的一个重要因素，并且有很高的经济利益在里面，但我们仍将其视为对资源的过度利用，虽然收入大于支出。我们现在面临一个很大的情感与逻辑不相关的矛盾，即我们的"感觉"和探索宇宙的真正目的与价值之间存在矛盾。大多数纳税人对太空好奇，但你要问他们为探索宇宙，国家的花费该是多少时，他们会说"每年 5 美元"之类的话——大约是一张戏票的价钱。而如果我们认真地考虑探索宇宙给我们的生活带来的收益的话，这个费用每年是 200 亿 ~500 亿美元。以这个速度，我们 5 年就可去参观火星……10 年就可在月球和火星上建人造站点。

6. 宇航员去趟太空回来真会变年轻吗？

一名宇航员在太空的速度大约是 7 千米 / 秒，这样根据一个公式，可计算出他们在太空每待一天，就会年轻 0.000 023 秒；在国际太空站待上一年，宇航员回来时会年轻 0.0085 秒。

7. 让人到太空中有什么好处呢？

最保守的预测是人们在这个比地球更大的宇宙中仍需工作。在不远的将来，这意味着人们要学习在宇宙中如何生活、工作；在遥远的将来，我们希望地球毁灭后人类仍可生存下去。这一目的对你们而言可能愚蠢

而又荒唐，但当我们经历下一次致命的宇宙变动后，这可能会成为最重要的好处，并为人类所接受、理解。

8. 在宇宙中真的很可怕吗？

我想不出更可怕的事，可能一个 0.3 米的小东西就能使你毙命，穿宇航服更不安全。

"阿波罗 13 号"出的事故说明了在地球以外遥远的其他星球，生死之间的界限是多么的模糊。

9. 能否透露一下太空食谱？

可供选择的食品有 70 多种，由营养师设计，包括蔬菜、鸡蛋、意大利粉、牛肉、水果，甚至雪糕，不过味道差了点儿。太空人还可以喝可乐、橙汁和咖啡，可以通过微波炉加热食品。如果你还关心零食的话，那么还有如下几样：小块的胡桃巧克力、花生米和黄油饼干。

不过说真的，太空食品缺乏色香味，难以提起宇航员的胃口，科学家正想法使宇航员在飞行途中开垦种植，以便他们能经常吃到新鲜蔬菜。

10. 宇航员在太空有什么娱乐吗？

在单调、沉闷的太空生活中，太空人可以带着特别的吉他上天，闲时弹奏几曲，他们还带着国际象棋、电影光盘和大量的书籍。但是看着巨大的地球在脚下转动也是让你深感兴奋的一件事。

11. 航天飞机到月球需多长时间？

因为缺少燃料，所以航天飞机永远不会在月球降落，而且也不会在别的地方停留，火箭是液体燃料推进，我们不好确定能否使用液体氢氧或其他化学物质。

12.10 年内我们能否克隆出一个月球？

恐怕不能。建造像月球这样长期存在的、有稳定的生态物质的星球存在着许多重大问题没有解决，其中最重要的是生态层，因为我们无法从外部进口物质来保证这个"克隆星球"生态层系统运行。从技术上说，你可以在月球上建造东西，但无法在"假的月球"上做到这一点。

13. 如果在宇宙中放具尸体，多长时间会腐烂？

尸体中所有的水分都会通过皮肤表层的细胞"蒸发掉"，尸体可能会变成一具几乎成为固体的有机化合物，但不会腐烂，因为没有生物活动，细菌在这种真空环境中也会死掉，可能宇宙中的尸体看起来有点像埃及的木乃伊。

14. 发射一架航天飞机的价钱大约是多少？

价钱从 4.5 亿~5 亿美元不等。

15. 宇宙中的反物质能收集做燃料吗？

不能。宇宙中反物质分散得少，我们很难收集。

16. 为什么只用猴子而不是其他动物做实验？

其实不只是猴子，宇宙探索用过许多种动物，蜘蛛、蚂蚁、蜜蜂等，不用猿是因为它们太重了。

17. 宇航员在太空中怎么决定他们该做什么实验？

他们无法决定。实验是在他们起飞几个月甚至几年前就已定好的，宇航员会带着一张详细的地图和一张时间表，标明什么时候做什么实验、该怎么实验、该怎么做。所有的细节都由专家提前设计好，美国国家航空航天局负责确保宇航员能够按照步骤执行计划。

18. 宇航员怎么发 E-mail ？

信息由遥测发射器传到美国国家航空航天局地面监测站，然后大部分信息又由美国国家航空航天局的"ISP"服务器传送出去。

19. 如果宇航员在太空摘掉手套几秒会发生什么事？

他的皮肤上会生很厉害的冻疮、结层冰。一旦全身都暴露在真空环境下，就会很快地发生物理变化，30~60 秒就会造成昏迷，气体从身体里面出来回到宇宙需要很长时间，这对肺部又极为有害。

20. 送一名宇航员上太空究竟需要多少钱？

送一名宇航员上太空需要 1500 万 ~2500 万美元，例如定做一副手套需要花费 2 万美元，而一套宇航服的价钱是 300 万美元，连手表也要 2500 美元一块。

国际空间站的 5200 天

潘文军　编译

从 2000 年 11 月 2 日首批宇航员进驻算起，由俄罗斯、美国等国联合建造的国际空间站已经不间断载人运行大约 5200 天。宇航员在里面是怎样生活和工作的？他们会遇到哪些问题和麻烦？未来的人类探索太空之旅又有怎样的前景？

空间站装了 4 个隔开的睡舱

当人类进入太空之后，我们自己就成了"外星人"。因此，当我们生活在太空中时，那种不适的感觉从来不会完全消失。就比如最基本的睡觉吧，经过 10 多年的轨道建设，国际空间站终于在 2009 年装上了 4 个隔开的睡舱，每个睡舱只有飞机上的厕所那么大。宇航员就睡在这些睡舱里，他们进去睡觉的时候，可以关上一个折叠门，然后享受几小时的私密和安静。每个睡舱都用白色的材料进行了装修，里面配备了一个拴在内壁上的睡袋，宇航员准备睡觉时，就会爬进睡袋。

"在太空中睡觉是最大的问题。"宇航员迈克·霍普金斯说。他2014年3月刚刚结束了6个月的太空生活，从国际空间站返回地球。他说："这是一种精神上的考验。在地球上，当结束漫长一天、感到身心疲惫的我躺在床上时，有一种如释重负的感觉。本来全身的重量都压在脚上，一躺下脚就放松了。但在太空中，你永远也不会有这种感觉。因为你的重量从来不会落在脚上，所以你也不会有如释重负的感觉。"有些宇航员会把自己固定到墙上，寻找那种躺着的感觉。

美国人渐渐忘了空间站

正当美国人在太空中的成就又上了一个新台阶时，航天却从普通美国人的意识中渐渐消失了。因为在过去10年中，美国已经成了一个真正的、永久的航天国家。这些年中的每一天，都有六七个男女宇航员在国际空间站生活和工作，其中总会有两个是美国人。从2000年11月休斯敦控制中心的巨大屏幕开启以来，它已经不间断地运行了5200天。

也许空间站本就是个奇迹，它不停地在太空中旋转，每92分钟就会迎来一次"日出"。

国际空间站就像个巨大的哨所，它有一个足球场那么大，重量达到450多吨，它的太阳能电池板面积足有400多平方米。空间站的大小相当于一套6居室的公寓，宇航员在里面会感到很宽敞。

国际空间站主要是由美国和俄罗斯共同建造使用的，两国各自管理自己的一侧。导航职责和空间站的基础设施则由双方共同承担和管理。

双方的宇航员轮流充当空间站指挥官的角色。俄罗斯和美国的宇航员在工作时间会坚守在自己一侧的岗位上，但下班之后双方经常在一起吃饭、交流。

不能在一个地方停留太久

铁打的营盘流水的兵。宇航员一批批地来了又走，带来了各自不同的风格，但空间站有自己的个性、魅力甚至怪癖。空间站有比地球上任何环境下更复杂的水回收系统，宇航员头一天下午撒的尿可能经过净化后就成为第二天清晨的早餐用水。空间站并没有冰箱，所以也没有冷冻食品。与10多年前比，现在宇航员的食物好了很多，但大部分仍然是真空包装或罐装食品；每隔几个月，会有一些橘子从地球上运来，这就是宇航员打牙祭的时候了。

在空间站，普通的东西也会变得特别。美国宇航员有一辆锻炼身体用的自行车，但自行车没有把手，也没有坐垫。由于没有重力，自行车只能供宇航员拼命蹬车用。使用时，宇航员的脚必须绑在脚镫子上。宇航员也可以把笔记本电脑放在任何地方看电影，但要小心不能放在一个地方太久，由于没有重力促使空气流通，所以在一个地方停留太久就会被自己呼出的二氧化碳包围，导致缺氧。

自从国际空间站发射升空以来，已经先后迎来了216名宇航员，他们在这里生活工作的时间最短两个星期、最长的达数月之久。日复一日的生活并不像电视电影中表现的那样有趣，他们遇到的危险也远超我们的想象。

为了保证安全，美国国家航空航天局竭尽所能，从水过滤器的更换到对太空服安全性的检查，他们努力降低宇航员可能遇到的风险。在人类半个多世纪的航天史上，美国国家航空航天局多次遭遇过航天器发生致命事故的情形：1967 年的"阿波罗 1 号"飞船、1986 年的"挑战者号"航天飞机、2003 年的"哥伦比亚号"航天飞机，3 次事故共造成 17 名宇航员丧生，而且这些事故是在宇航员并没有犯错的情况下发生的。

大部分时候高度紧张

2003—2010 年，10 名美国宇航员先后在国际空间站工作。他们都写了日记，然后交给人类学家杰克·司徒斯特做研究。这些日记共 30 万字，透露了宇航员在空间站的情绪变化。他们大部分时候处于高度紧张的工作状态中，情绪兴奋，偶尔也会感到无聊，有时还会很恼火。50 多年来，人们一直习惯宇航员以微笑示人，这些日记的坦诚才是他们最为真实的一面。

"我今天不得不笑对自己的任务，"一名空间站宇航员在日记里写道，"为了更换灯泡，我必须戴上安全眼镜，拿着手提真空吸尘器，这是为了防止灯泡破碎。实际上，灯泡是装在塑料外壳里的，所以即使灯泡破碎，碎片也会被完全包在里面。另外，安装好灯泡之后，我还必须在开灯前拍一张照片，我不知道为什么要这样做，但这就是美国国家航空航天局的做事方式。"

日记中清楚地写着，在国际空间站待上 6 个月实在是太漫长了，这意味着无法经常和家人朋友取得联系，吃不上新鲜的食物，感受不到阳光、雨水和重力的乐趣；很长一段时间只能站着和被拴着，不能洗澡，也不用洗衣服。杰克·司徒斯特通过研究发现，写日记能够提高宇航员的士气。

轻轻一推就能横跨半个空间站

在空间站，宇航员需要不断鼓舞士气，因为他们的很多工作都显得很无趣。空间站上有一部电话，宇航员可以用这部电话打给任何一个人。他们的家人还可以通过一个特殊的程序和他们进行视频通话。宇航员和美国国家航空航天局的心理专家每两周进行一次私人谈话，他们也会定期与美国国家航空航天局的力量教练进行交流，讨论如何防止肌肉萎缩的问题。

国际空间站有一个装满了电影碟片和纸质书的储物柜，不过 2003 年进入空间站工作的美籍华裔宇航员卢杰并不打算把时间花在这些东西上。他说："我不知道自己以后能否再回到这里，所以在这里，我应该做一些在家里没法做的事。"

桑德拉·马格努斯有过 3 次航天飞行经历，并且在空间站待了 130 天。当被问及为什么喜欢零重力的生活时，她先是哈哈大笑，然后说道："这有很多乐趣。我学会了用膝盖携带东西，我把东西夹在膝盖之间，这样就可以空出双手，推动自己前行。问题是，在太空中，零重力状态困扰着宇航员的生活。如果你用笔记本电脑打字时用力敲击键盘，最终的结果不是字母被输入电脑之中，而是电脑被推开。你还必须用脚来定位自己，为自己导航。"

马格努斯喜欢给同事做饭，尤其当地面补给送到，并且补给中有新鲜洋葱时。不过由于做饭耗时费力，她只能在周末做。她说："想想看，你做饭时是不是经常往垃圾桶里扔垃圾，可是空间站里没有重力，每一样垃圾必须用胶带粘在垃圾桶里。那需要耗费多少时间？"

在所有美国宇航员中，迈克·芬克是待在国际空间站时间最长的一位。

他在国际空间站共待了 381.5 天，完成了 3 项使命；他进行了 9 次太空行走，总计耗时 48 小时；2004 年，他还成为第一个在太空中当上爸爸的美国宇航员。

对于芬克来说，没有什么比飞行更令他愉快的事了。芬克拥有麻省理工学院和斯坦福大学的学位，在成为宇航员之前，他刚从美国空军试飞员学校毕业。与刻板严谨的工作相比，芬克个性活泼、有幽默感。

"轻轻一推大脚趾，就能让你横跨半个空间站，简直就像超人一样。即使在空间站待了 381.5 天，但我一点也没觉得自己变老。"芬克说。

太空里，视力也会发生变化

众所周知，人在失重环境下会出现骨质快速流失的现象。一个绝经后的妇女在地球上 1 年可能会丢失 1% 的骨量；但太空中的宇航员，无论男女，1 个月就会丢失 1% 的骨量。

为了保证健康，宇航员在空间站必须坚持锻炼。空间站的美国部分有 3 个健身器材，分别是无座自行车、跑步机和可以产生 272 千克拉力的重力器。根据计划，宇航员应该每天锻炼 2.5 小时，每周锻炼 6 天，但大多数人每天都进行锻炼。

零重力状态下，运动出汗也不是一件令人愉快的事。迈克·霍普金斯说："在地面上出汗，汗水会自然滴落；而在空间站，汗水会黏在身上，你的眼睛四周都会被汗水糊住，过一会儿后，水珠会飞起。"宇航员一般用干毛巾擦掉汗水。由于零重力，淋浴是不可能的，他们只能用"海绵浴法"清洁自己的身体。宇航员一般先将干净的衣服穿一个星期，然后作为训练服再穿一个星期，最后就当作垃圾扔掉了。

注重锻炼、保证宇航员的健康对于科学研究和人类的未来非常重要。

美国国家航空航天局现在最关心的是两件事：一是宇航员返回地球之后身体恢复到正常情况所需的时间；二是宇航员在太空中保持健康的最长时间。人类未来有探索火星的计划，而前往火星的路上可能就需要一两年时间。

长时间在零重力状态下，对人体健康的影响绝不仅限于骨质流失。美国国家航空航天局人类研究项目参与者约翰·查尔斯说："5年前，国际空间站有宇航员说他的视力发生了变化。他在空间站已经待了3个月，他突然发现自己没有办法阅读清单了。"查尔斯解释说，这是因为零重力导致人体内体液上行，颅内压激增，眼球内部构造发生变化，很多宇航员变成了远视眼。

空间站现在已经为宇航员准备了一些特殊的眼镜，如果他们需要，就会戴上眼镜。宇航员需要精确、可靠的视觉，所以视力的恶化对宇航员的影响可不是一个小问题。美国国家航空航天局关注这个问题已经几十年了。他们知道这个问题的重要性，却没办法让宇航员在返回地球后完全恢复视力。事实上，宇航员的视力是无法完全恢复的，这还是在他们执行几个月的太空任务的情况下，如果执行任务的时间再长四五倍，还不知道会发生什么状况。

2015年3月，有4名美国宇航员执行有史以来最长的一次航天任务，他们前往俄罗斯"和平号"空间站工作超过一年。查尔斯说："我们要看看是否会出现其他我们此前没有注意到的状况，不管是生理上的还是心理上的。"

寻找地球的刻度

碧 声

继古希腊和罗马的灿烂文明沉寂之后，欧洲进入了长达 1000 年之久的黑暗时代。在这段时间里，波斯、阿拉伯和印度的科学家仍对数学和天文学孜孜以求，而欧洲人则完全沉湎于寻找进入天堂的通途，不再关心天空的运动规律。及至文艺复兴，欧洲人才重拾对科学的信仰，滋长出宗教裁判所再怎么残酷镇压也不能完全消除的好奇心。另一方面，科学的实用性也逼迫着人们不断向前。

大航海时代呼唤经度

在各种科学探索中，人们首先想知道自己身处何地。于是，在了解到地球是一个球体后，以经、纬度来确定地球上任意一点位置的方法就很自然地出现了。相对而言，纬度的界定比较容易，因为近几千年里，地球的自转轴始终贯穿小熊座 α 星，也就是中国人俗称的北极星。因此，在北半球，北极星与地平线的夹角就是观察者所处的纬度。然而，正所谓"斗转星移"，由于地球的自转轴本身在摆动，因此北极星并不总在地球的自转轴上。

有了北极星，零纬度就无可争议地落在了赤道上。但经度却没有这样的现成参照物可用。由于没有哪条经线更为特殊，因而零经度是可以随便定义的。于是，最初的航海者把出发点或某个大城市定义为零经度，以此确定自己的位置。然而，茫茫大海不比陆地，搞错方向将可能导致触礁、迷航，甚至全体船员葬身鱼腹。

经度的困扰使我们的祖先在航海上处处受限。他们通常只能沿着海岸线行船，碰到不得不跨水域航行时，他们总是沿着一定的纬度前进，直到看见陆地，再沿海岸线寻找目的地。在这种情况下，航海者无法准确地了解自己的行程，只能依靠船速进行估算。在今天看来，那时的航海实在是以生命为筹码的赌局，多少人为之输掉了身家性命，好在最终哥伦布博到头彩，赢回了新大陆。

哥伦布去世 20 多年后，荷兰天文学家杰马·弗里西斯提出"以时间确定经度"的原理，即任意两地的经度差可以通过它们的时差来衡量。然而，由于当时很难精确测定两地的时差，因此这种方法在很长时间里只停留在理论层面。在现实层面，西欧各国当时为了争夺海外殖民地，纷纷发展航海术，与航海直接相关的经度也成为关乎国家命运的重大问题。为了寻找经度，英国成立了格林尼治天文台。

用破烂建成的天文台

1660 年，流亡的查理二世回到英国，戴上了他那被砍头的父亲留下的王冠。上台之后，他非常重视海军和海上贸易，也迫切想找到经度的答案。1674 年，他听一位法国人说，月亮的运动可以用来确定经度，于是派人求教著名的天文学家约翰·弗拉姆斯提德。弗拉姆斯提德的答复是，由于缺乏精确的星表和月亮位置的图表，这种方法根本不可行。查理二世当即拍板：好，那么你来给我画一张！于是拨款建造格林尼治天文台，任命弗拉姆斯提德为第一任台长，授衔"皇家天文学家"。

在那个时代，天文学与占星术还很亲密。天文台的奠基仪式是在 1675 年 8 月 10 日 15 时 14 分举行的，弗拉姆斯提德甚至为这一时刻画了天宫图，以此"研究"天文台日后能否成功。然而，他并不掩饰自己的故弄玄虚。在那张天宫图的注解里，他写了这么一句："我亲爱的朋友们，你们能忍住不笑吗？"

尽管查理二世看似对天文台十分热衷，但他只肯拿出 500 英镑。捉襟见肘的预算让建造者伤透了脑筋，他们不得不跑到一座要塞去搬砖头，从一间废弃的门房拆下些木头和金属，最后还变卖了一批陈旧的火药以填补预算的亏空。挖空心思之后，他们以捡破烂的方式最终建成了今日举世闻名的格林尼治天文台。

子午线向东挪移

在寻找测量经度的方法之前，必须先确定地球自转的角速度是不是均匀的。为此，"英国钟表业之父"托马斯·托姆皮恩为天文台打造了两座摆长近 4 米的大钟。通过它们，弗拉姆斯提德认定地球是匀速转动的。

当然，后来有人证明地球自转存在着微小的不规律性，但那已是石英钟表问世之后的事了。

弗拉姆斯提德接下来的工作是画一张精确的天空星图。为此，他把望远镜固定架设在一条子午线上，记录星星出现的时间。但是，天文台的位置与子午线稍微有点偏离。于是，弗拉姆斯提德在建筑外的花园里造了一个屋顶可以开合的小棚，并在墙上标出小棚所在位置的子午线。此后的 43 年里，他一直这样工作在伦敦清冷的空气中。

1719 年，弗拉姆斯提德去世。他的继任者哈雷发现，标有子午线的墙有点下沉，就在小棚东侧修建了一堵新的子午线墙。此后，天文台每添置一架固定望远镜，就会向东新建一间房，供观测用的子午线也随之向东挪移。如今，游客在进入花园后可以先后看到弗拉姆斯提德、哈雷、第三任台长布拉德利、第七任台长艾利的 4 条子午线。其中，艾利的子午线就是 1884 年被确定为"国际本初子午线"的那条，一直沿用至今。

好望角东 26° 32′

在国际本初子午线诞生之前，各国出版的地图都感情用事地以自己的首都或天文台所在的经度为零经度。航海家更是各行其是，不时以某次航行的起点为零经度，所以航海日志里不乏"好望角东 26° 32′"这样的滑稽数据。后来，英国击败了荷兰和西班牙，成为新的海上霸主。强势之下，其出版的航海历也广为流传，其中所用的格林尼治子午线也逐渐成为实际的标准，被大多数航海家接受。

尽管天文方法已经可以确定经度，但使用起来很不方便，得到的精度也不够理想。1707 年，英国皇家海军的 4 艘舰艇在意大利西西里岛附近触礁沉没，死亡人数达 2000 人，超过后来的泰坦尼克海难。为之震惊的公众开始敦促政府寻求精确确定经度的方法。1714 年，英国国会批准成立了以牛顿为首的"经度委员会"，并以巨额赏金征集经度问题的解决方法。

重赏之下，应者云集，"经度委员会"的案头很快堆满了各种奇妙的幻想，比如在主要航道上停放大量驳船，每条船在夜里都点上火，以供航海者参照。最为可笑的是，有人声称发明了一种神秘的"怜悯之粉"，如果把这种粉涂在曾经伤过人或动物的刀子上，伤者就会感到与当初被割伤时同样的痛楚。这位"半仙"建议，用一把刀刺伤一群狗，让每条出海的船都带上一条这样的狗，而那把刀仍留在伦敦。此后，伦敦方面每逢正午就在那把刀上撒一些"怜悯之粉"，这样一来，航船上的狗就会立刻因病狂吠，航海者就可以得知伦敦与航船所在地的时差，从而算出经度。与我们一样,"经度委员会"对这个主意也哭笑不得。

寻找地球刻度的人

最终解决经度问题的,既不是天文学家,也不是数学家,而是钟表匠约翰·哈里森。1730 年,他带着研究了 4 年的航海钟设计方案拜访了当时的格林尼治天文台台长哈雷。见面后,哈雷把英国当时最优秀的钟表匠乔治·格拉罕姆介绍给他。格拉罕姆对哈里森的计划很有兴趣,于是拿出 250 英镑作为制作航海钟的"风险投资"。

6 年后,哈里森的第一台航海钟"H1"问世。它有两个对称联结的钟摆,可以抵消海船晃动的影响。在第一次海上试验中,"H1"的表现相当不错,但哈里森并不满意。他没有进行第二次试验,而是向"经度委员会"申请经费,以设计更好的航海钟。然而,第二台航海钟"H2"同样由于设计缺陷而被很快放弃。此后的 19 年里,哈里森一直在反复重造"H3",但"经度委员会"对他越来越没有信心。

屡屡失败之后,哈里森突然想到,使用高频振子的小型钟表有可能比大钟稳定得多。他再次向"经度委员会"申请资金制造"H4",但遭到了拒绝。尽管如此,哈里森仍于 1763 年拿出了与前 3 个航海钟完全不同的"H4"。那是一块直径 13 厘米、重 1.45 千克的大怀表。一次出海测试的结果表明,"H4"在 47 天的时间里误差仅为 39.2 秒,比"经度委员会"120 万美元的最高赏金所要求的标准还要精确。对此,"经度委员会"表示,哈里森只有将"H4"的制造方法交给格林尼治天文台台长后,才能获得一半奖金,另一半则要等到这种制造方法得到复验之后才能支付。哈里森起初不同意,但委员会的态度非常强硬,他也只好屈服。随后,其他的钟表匠开始制造"H4"的副本,而哈里森则着手制造"H5"。种种波折之后，哈里森最终在国王查理三世的帮助下拿到了全部的奖金。

1766 年，格林尼治天文台第五任台长马斯克林内出版了英国第一本航海历，以 3 小时为间隔绘出了全年月亮相对于太阳和主要恒星的位置。通过对比航海历与头顶的星空图像，再加上"H4"，航海者终于能够准确定位经度了！尽管早期制造一块"H4"要花几年的时间，但此后几十年里，"H4"还是在英国的贸易船、渔船和战船上得到了普遍的应用，并最终成就了英国的海上霸业。

已经过时的时间

19 世纪中叶，英国各城镇还是各自以太阳在本地子午线上方的时间为正午。因此，尽管英国本土东西跨度不大，但各城镇时间仍不免会相差几分钟。在美国，这样的问题更为严重，曾经出现过 80 个铁路系统各自按当地时间运作的局面，以至于乘客每到一个地方就得重新校准手表，以免误车。

从 1833 年开始，每天 13 时，格林尼治天文台顶端风向标上就会出现一个可升降的红色皮球，供泰晤士河上的航船调整时钟。这个"时间球"是世界上最早的公共标准时间服务项目之一，也是当时吸引游客的一大景观。后来，"时间球"遭到雷击，被换成了金属球。此后，天文台又开始通过人工校准或电脉冲的方式向全国发送格林尼治时间。1880 年 8 月 2 日起，格林尼治平均时间被定为英国标准时间。

如今，格林尼治平均时间与往事一起走进了历史。尽管有些人还把它当作协调世界时的同义词，但从严格意义上说，格林尼治平均时间已经过时。

金星人的挫折

[美] 阿尔特·布赫瓦尔德

上星期，金星一片欢腾——科学家成功地向地球发射了一颗卫星！眼下，这颗卫星停留在一个名叫纽约的地区上空，并正向金星发回照片。

由于地球上空天气晴朗，科学家便有可能获得不少珍贵资料。载人飞船登上地球究竟能否实现？他们期待对这个重大问题取得某些突破。在金星科技大学里，一个记者招待会正在进行。

"我们已经能得出这个结论，"绍格教授说，"地球上是没有生命存在的。"

"何以见得？"《晚星报》记者彬彬有礼地发问。

"首先，纽约城的地面都由一种坚硬无比的混凝土覆盖着，这就是说，任何植物都不能生长；其次，地球的大气中充满了一氧化碳和其他种种

有害气体。如果说有生物能在地球上呼吸、生存，那简直太不可思议了。"

"教授，您说的这些和我们金星人的空间计划有无联系？"

"我的意思是：我们的飞船还得自带氧气，这样，我们发射的飞船的重量将不得不大大增加。"

"那儿还有什么其他危险因素吗？"

"请看这张照片。您看到一条像河流一样的线条，但卫星已发现，那儿的河水根本不能饮用。因此，连喝的水我们都得自己带上！"

"请问，照片上的这些黑色微粒又是什么玩意儿呢？"

"对此我们还不能肯定，也许是些金属颗粒。它们沿着固定轨迹移动并能喷出气体、发出噪音，还会互相碰撞。它们的数量大得惊人，毫无疑问，我们的飞船会被它们撞个稀巴烂！"

"如果您说的都没错，那么这是否意味着，我们将不得不推迟数年，来实现我们原定的登陆计划？"

"说对了。不过，只要我们能领到补充资金，我们会马上开展工作的。"

"教授先生，请问，为什么我们金星人耗费数十亿格勒思（金星的货币单位）向地球发射载人飞船呢？"

"我们的目的是，当我们学会呼吸地球上的空气时，我们去宇宙的任何地方都可以平安无事了！"

人类灭绝的十种可能方式

[西班牙] 罗莎·希尔

小行星撞击

关于世界末日的最新说法在好莱坞甚嚣尘上，即小行星或彗星撞击地球。毫无疑问，有科学证据表明，巨大的小行星曾经在远古时代撞击过地球。大约 39 亿年以前，一些星体碎片落到了地球和月球上，造成了大洋被蒸发，巨大的撞击坑形成。大约 25 亿年前，一场世界性的灾难使地球上几乎所有的物种灭亡。尽管对于灾难的原因还没有最后的定论，但在澳大利亚发现的一个直径 120 千米的大撞击坑，为地球曾在近古时代遭到小行星撞击的说法提供了证据。而墨西哥尤卡坦半岛上切克斯卢博史前陨石坑的发现似乎可以证明，是小行星的撞击造成了 6500 万年前恐龙的灭绝。当然，这些发生在数百万年以前的事件，并不意味着地球上的生命就面临着即将到来的威胁。但一颗直径10~15千米的小行星确实足以引发一个"灭绝过程"：撞击后形成的大火使大气层变成了一个大火炉，而随后的地球变冷会使地球上几乎所有的生物灭绝。根据已掌握的证据，类似事件大概每25万年会发生一次。

γ 射线爆炸

它是来自外太空的杀人射线。天文学家不能确定这种现象发生的原因，但常常会有一个不知名的星体猛烈爆炸，在一瞬间掩蔽了宇宙的光芒。这就是我们说的 γ 射线爆炸。如果它在距离我们1000光年的地方发生，它的光芒也比正午的阳光强10倍。虽然这个距离比我们夜晚看到的所有星体都远，但从那里发出的X射线和 γ 射线，也能够将我们的大气层烤熟，破坏臭氧层。没有了臭氧层，太阳的紫外线就会全部照射在地球表面，长此以往，人类必定灭亡。如果 γ 射线爆炸发生在距地球300光年以外，其能量将吞噬整个太阳系，瞬间之内消灭所有的生命。幸运的是， γ 射线爆炸是发生在遥远星系的事。但由于我们对它们所知甚少，科学家也无法排除在银河系附近发生此类事故的可能性。

漂移的黑洞

这是科幻作品偏爱的另外一个现象，但其存在是建立在真实的科学成果之上的。黑洞是隐形的，但其引力之大可以将一路上所有的东西都吸进去。黑洞是中心重力坍缩的星体，人们曾经以为黑洞是很罕见的，但最新研究结果表明，仅银河系就可能存在着数百万个黑洞。以前，我们以为黑洞只是在星系外面运行的一个球体，就像行星一样。但天文学家已经发现了一些黑洞没有固定方向地游移在星体之间。如果其中一个黑洞朝地球运动而来，我们可能根本来不及觉察到它的迫近。它是看不见的，只有在黑洞对遥远的星球产生引力作用的时候才能检测到。如果它向地球逼近，天文学家将会看到它是如何将小行星、火星和其他星体吃掉的。即使黑洞不将地球吞下去，其巨大的引力作用也会毁了人类。黑洞会将地球带离它的轨道，如果我们被推向外太空，我们会被冻死，如果将我们推向太阳，我们就会被烧死。

太阳大爆发

现在是太阳活动周期中最活跃的时期。太阳内部发生的巨大风暴每周都会向太阳系发出带电粒子流，这些粒子在到达地球以后，会造成气压上升、电磁干扰和耀眼的北极光，但后果可能要严重得多。像太阳这样表面上正常的恒星能够在几小时的时间里，将自身放射的光亮增强1倍以上。据说，这是大爆发的结果，大爆发的能量比星际空间正常爆发的粒子释放的能量要大数百万倍。而且，它是太阳等恒星的正常活动，几乎所有的恒星都在近百年以来发生过大爆发。太阳大爆发可能对人类产生灾难性的影响。在爆发之后，大气层就会像荧光灯一样大亮起来，几秒之后，带电粒子风暴就会破坏地球上空的一半臭氧层。随后，大气温度就会上升，两极的冰层被融化。随着臭氧层的破坏，地球上的生命将在几个月之后消亡。值得乐观的是，还没有证据表明，在其他星球发生大爆发同等温度下，太阳曾经发生过类似规模的爆发。目前人类可以放心地呼吸，但不知太阳是一颗稳定的星球还是正在等待适当的机会爆发。

超大规模火山喷发

大约 2 亿年以前，在今天的西伯利亚，一股巨大的熔岩从地壳下喷射出来。超大规模火山喷发持续了数百年，地球上 95％的物种遭到毁灭。这就是地质学上对二叠纪和三叠纪终结的解释，认为这是迄今为止地球历史上最惨重的灾难性事件。与普通的火山喷发不同，超大规模火山喷发很罕见，大约每 5 万年才会发生一次。但一旦爆发，就会将 100 多万立方千米的岩浆和碎片抛向空中。除此以外，还会产生氯气云团和酸雨，它们能够在极短的时间内消灭地球上所有的植物。幸存下来的生命，包括动物王国在内，最终也将在随后出现的数十年的地球严冬下逐渐灭亡。

地球变暖

地球的温度在上升。世界上最著名的科学家大部分都认为，地球转暖在很大程度上是人类造成的。尽管这一现象在短期内不会直接威胁到人类的生存，但污染、极端气候现象、洪水、沙漠化、转基因作物的种植、干旱、生态系统的破坏和人类造成的成千上万种变化掺杂在一起，就可能将地球变成一个不适宜居住的星球。已经有迹象表明，如果我们继续污染我们的家园，我们的后代很可能被迫迁往其他星球。没有人知道地球变暖在长期内会造成什么样的后果，但我们了解到了另外一个星球的先例，金星上失控的温室效应产生了酸性大气层，将地面温度升至 500℃。

世界性灾病

试想一下像流感和艾滋病那样传染性和致命的病毒。对流行病的

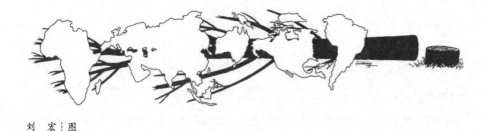

刘 宏 图

巨大恐惧在于，可能出现一种新兴病毒，在人类中间造成的死亡率是100％，蔓延速度之快使人类来不及找到应付的办法。这不是科学幻想，而是可能发生的事实。历史上已经多次发生过流行病屠杀人类的惨剧，中世纪的一场鼠疫杀死了欧洲1/4的人口，死于1918年和1919年大流感的人数比第一次世界大战死亡人数还要多，今天，艾滋病病毒正在吞噬着非洲国家。20世纪的致命流行病比以往任何一个世纪都多。人类正在破坏生态平衡，20世纪80年代发现的艾滋病病毒和埃博拉病毒就是人类侵入无人区带来的恶果。此外，空中运输也使新兴病毒得以在一日之间蔓延到世界任何角落。让流行病学家夜不能寐的不仅是那些未知的天然病毒，生物科技的发展也使所有病毒的改造和变异成为可能，甚至新病毒的创造也是无法遏止的。

世界核战争

美国和俄罗斯在不同的敏感地区储备着2万多枚核武器。一旦爆发核战争，核爆炸产生大量的灰烬、粉尘和碎片，这些物质会导致长达几年的核冬季效应。如果大气层变暗了，阻挡太阳光进入地球，所有的植物就会慢慢死去。也许有一小部分人得以侥幸存活下来，但作为一个种群，人类将灭亡。这是几十年前冷战时期一些假想的旧事重提吗？绝对不是，这是目前世界力量制衡的结果。两大权力集团中，没有任何一方准备削减核实力，俄罗斯继续部署先进导弹，其威力可以直达欧洲和美国；而美国也在完善自己的武器系统，以使导弹能够精确地击中任何目标。即使没有人相信某个超级大国会发起一场核战争，但发生意外事故的可能性却是存在的。另一方面，拥有核武器的国家数量在不断增多，局势也随之变得越来越不稳定，英国、法国、以色列和中国，以及近期的印度和巴基斯坦都具有核能力。朝鲜、伊朗和伊拉克也可能在未来10年内具备同等条件。

机器人主宰世界

一个物种永远不可能在与比自己高一级的竞争者的对决中存活下来，这是生态学界不言而喻的道理。这一定理适用于植物界和动物界，同样曾经发生在尼安德特人的身上，他们与现代人类有着密切的亲缘关系。到目前为止，现代人在地球上还从来没有面对过比自己更高一级的生物。但也许我们就快把它创造出来了。全世界的实验室里都有具备人工智能的机器人，它们能走，能相互沟通。总有一天，机器人技术的高精尖程度能使它们有组织起来和繁衍下去的能力，而不需要创造者的帮助，或者说，它们将抛弃人类。由于设计机器人的初衷是希望它们能比人类更有才能，比如可以在其他星球或者海洋深处生存，所以它们不可避免地将越来越能干。实际上，很可能在未来的某一天，它们会自问："我们为什么需要人类？"一些机器人研究方面的知名科学家已经表示相信，现代机器人的后代将取代人类。

太阳变成超新星

当一颗恒星衰老的时候，它会发生强烈地爆炸：中心重力下降，然后以高达 5000 万千米的时速爆炸。这就是我们所说的超新星爆炸，是宇宙中可能性质的能量最大地爆炸。人类应该感到庆幸的是，超新星爆炸常常发生在遥远的星系，在银河系能够观察到的最近一次超新星爆炸现象发生在 400 年以前。但是，有一颗恒星一旦爆炸，无疑将毁掉地球，那就是我们的太阳。与其他可能毁灭人类的九大灾难不同的是，最后一种可能性是肯定会发生的。在大约 50 亿年之内，太阳中心的氢储备将耗尽。在中心重力下降之后，一个大火球将游历整个太阳系，金星和地球都将被烧成灰烬。至于人类，也许我们不能目睹这一切。50 亿年的时间实在太长了，到那时我们可能已经灭亡，或者已经离开地球移居到其他星球上去了。

月球上的"圈地运动"

伊 风

20 世纪最激动人心的事件之一就是人类登上月球。然而美国和苏联的月球探测活动在耗费巨资的同时,几乎没有带来什么经济效益。1972 年,美国阿波罗计划完成后,月球探测悄无声息了几十年之久。如今,各种迹象表明:月球探测再度升温,而且趋利性的"圈地"风潮正悄然兴起。

根据美国的航天计划,美国人于 2005 年在月球上建立月面前哨站,2010 年建立设备齐全的永久性居住地,2020 年兴建实验工厂、农场等。美国人的登月计划很具代表性,与早期的月球探测不同,现在的探测务实得多。一句话,就是要在月球上跑马圈地,抢先占据宝贵的月球资源。

月球的诱惑

月球是地球的近邻，自古以来人类就对它寄予了许多美好的想象。1957 年苏联发射第一颗人造卫星后，人类便闯入太空并着手探测月球。从 20 世纪的 50 年代末至 70 年代初，苏联共向月球发射了 32 个探测器。与此同时，美国也向月球发射了 21 个探测装置，为人类取得了丰硕的探测成果。1969 年更是实现了人类登月的创举，此后，陆陆续续有 12 名宇航员踏上月球，并为人类带回 440 千克月球上的土壤和岩石标本。

1969 年 7 月 16 日，美国宇航员尼尔·阿姆斯特朗、奥尔德林、科林斯乘 "阿波罗 11 号" 宇宙飞船飞向月球。4 天后由 "飞鹰号" 登月舱在月球表面着陆，当天 22 时阿姆斯特朗和奥尔德林跨出登月舱，踏上月面，成为第一个登上月球并在月球上行走的人。阿姆斯特朗说："我在月球迈出的一小步，是人类历史上迈出的一大步。"

但是，自 1972 年美国阿波罗计划结束以后的很多年内，月球探测不再是各国太空计划的主要项目了。主要原因是认为探月活动耗资巨大，很多人认为，苏联经济的结构失衡和崩塌，很大一部分原因就是花费太多纳税人的钱用于登月计划这个 "无底洞"，却毫无收益。然而，近年来人们又开始把目光转向月球，并相继提出更宏伟的目标。这一方面是因为现代航天技术的长足发展为人类提供了进一步探测月球的可能性，另一方面则是因为科学家都看到了一个后果：人类因为需要而无止境地开发有限的地球资源，总有一天会导致资源枯竭，而月球独特的自然环境和资源也许可以成为人类第二个生存的场所。

月球上几乎没有大气干扰，是进行科学实验和天文观测的圣地。如果在月面上建立天文台，将会探测到宇宙中的许多奇异现象。月球的引力只有地球的 1/6，发射火箭所需的燃料将会比地面少得多，因此月球也是个难得的航天发射基地。月球两极大量冰水的发现更使人类对月球刮目相看，因为有了水，人类在月球上生存的基本条件便已具备。人们可以利用水得到氢气和氧气，氧气和水供人呼吸饮用、使植物生长，氢和氧还可作为火箭燃料，供飞船返回地球或前往火星甚至更远的星际探险。这样，人类在月球上建立永久性实验室甚至定居点就并非天方夜谭，月球很可能成为人类远征火星的中转站。

美国提出移民月球计划

英国《泰晤士报》援引美国国家航空航天局的消息说，移民月球的初步设想是在月球南极建立开发中心，所需材料则直接取自月球。由于月球土壤中铝和铁含量丰富，因而移民区的主要建材为铝和铁。采得的矿石运到月球南极一处环形山进行冶炼，冶炼所需能源来自太阳能电池

板。月球土壤 1/5 的成分是硅,而硅正是制造太阳能电池板所必需的材料。美国航天专家还计划利用硅等原料制造一种形似玻璃的气凝胶,这种轻质材料既可用于防太阳辐射,又可作为房屋的保温材料。后来,美国马歇尔航天中心和约翰逊航天中心的研究人员共同合作,以最终敲定如何实施移民月球的方案。

俄罗斯、日本不甘落后

在航天技术上可与美国匹敌的俄罗斯也开始实施新的月球计划,其最终目的是在月球上开采氦的同位素氦-3。氦-3 是一种核燃料,地球上极为贫乏,在月球上却极为丰富,几十吨的氦-3 就能满足全球一年的能源需求。早在 1998 年 10 月,俄罗斯就制定出新的月球开发计划,以探寻月球上的水资源,开发月球上极为丰富的核燃料氦-3。根据这项开发计划,俄罗斯将发射一个小型月球轨道站,再从轨道站向月球发射各种探测仪器,其中包括 10 个可探入月球表面的穿透探测器、2 个地震探测仪和月球南极水源探测仪。整个计划预计耗资 5000 万美元。俄罗斯计划在 2010 年后建立月球基地,研究月球采矿工艺。

日本也提出了探月计划。1998 年 7 月,日本发射第一个星际探测器,它路过月球,并于 1999 年抵达火星轨道。日本成为世界上继美国和俄罗斯之后开展星际航天探索的第三个国家。日本原定于 1999 年发射月球探测器"月球 A",但因技术故障推迟。"月球 A"的任务是将观测仪器送到月球表面,对月球的地震波进行观测,探索月球的内部结构。2002 年,日本宇宙科学研究所和东京大学开发成功月球探测鼹鼠机器人,它可以像鼹鼠一样钻入月球地下 11 米,采集矿物质加以分析,弄清月球地表的结构。月球探测鼹鼠机器人是一个直径 10 厘米、长 20 厘米的圆筒,从宇宙飞船投放到月球后，可垂直钻入地下。它有掘进和排砂两种装置，排砂装置有两根旋转的滚柱，把挖出的砂石碾轧结实，掘进装置把活塞顶在碾轧后的砂石上，用活塞推动身体前进。

印度揭开登月计划序幕

作为一个发展中国家，尽管印度发表的登月计划公告比较低调，但印度前总理瓦杰帕伊还是在孟买举行的科学大会上揭开了印度登月计划的序幕。他宣布，现在是印度实现登月梦想的时候了。瓦杰帕伊相信，一旦争夺全球主宰地位的未来战争在商业领域展开，印度可以利用登月计划提高自己作为一个技术型国家的形象，印度在信息技术领域取得的出人意料的成功就是一个范例。

目前，印度航天局已经完成了月球之行的初期准备工作。印度航天研究局负责人卡斯图里兰甘声称，登月计划将派生出一些积极的技术效益，包括火箭和电信技术。他指出："作为一股动力，这样一项计划将振奋整个国家，同时也证明印度能够承担太空这一前沿领域内的复杂任务。"

反对印度实行登月计划的人士则以印度科学研究所所长穆昆达为首。反对者的担心主要包括以下几个方面：登月计划的资金可以有更好的用途，像印度这样不算富裕的国家是否应该启动这项计划？印度已经拥有远程探测和发射导弹的能力，因此登月计划在军事上的收益是微乎其微的。该计划可能会产生一些附带的商业效益，但为了获得此类利益而启动一项登月计划却是没有必要的。也许印度的科学家并不理解总理的长远打算，早一天到月球上"跑马圈地"可能才是瓦杰帕伊的最终目的。

移民月球的位置已经选定

各国科学家对月球神秘的两极区域进行了迄今最详细的分析，为人类将来在月球上建立活动基地找到了最适宜的位置。这个位于以英国探险家沙克尔顿命名的一座环形山边缘的位置，符合建立月球活动基地的两个基本要求：那里有充足的阳光，而且靠近一个很可能储存着深冻冰的永久性阴影区。

虽然目前人们对如何到达月球及谁将在月球上居住还不很清楚，但是日本建筑业的大公司已经投入数千万美元和大量人力对月球住宅建造进行了约10年的研究。他们认为，地球人终归要登上月球。一些美国人认为，即使日本人的月球开发计划仍属空中楼阁，它们也是有价值的。除了公寓外，建筑公司月球实验室还在考虑在月球上建造网球场和高尔夫球场的计划。日本西松建筑公司(一家在地球上建造堤坝和隧道的公司)计划在月球上建造一座"蜗牛城"。这项计划将开发一个由3座10层高塔组成的高层建筑群，每座高塔看上去就像个十字架一样。

在太空中理家

［美］杰瑞·M. 利宁杰

　　在太空中，我花了近一个月的时间，才算完全适应了做一个太空人。对飞行与漂浮，从软管里吮吸经过脱水、净化的食品我都变得习以为常。24 小时的时间变得没有意义——一天之中太阳会升起 15 次。衣服变成一件可以牺牲的东西——我穿一段时间，然后扔掉。

　　我头脚倒置睡在墙上，排泄在管道里。我觉得自己好像一直就生活在那里似的。

　　尽管在太空中漂浮时，进行跑步运动也是可能的，但没有重力的拖拽，跑步不用费力气。漂浮时奔跑几小时也不会觉得累，但不幸的是，对自己也没什么作用。无论怎样，要获得任何训练收益，都会有些阻力。因此，在登上跑步机之前，我得穿上铠甲。这铠甲紧得就像冲浪者穿的那种类型，且连接在跑步机两侧固定着的金属板上。铠甲会用 70 千克的力将我猛拉到跑步机上——以此来模仿重力的拉力。

在地球上，我是如此喜欢户外活动，以至什么都不能阻止我跑步、骑车、游泳——或所有 3 项——每天的练习。但踩在跑步机上，我觉得跑步时肩上像坐着什么人。我的脚底不能适应任何负重，每一次练习的前几分钟都像有针扎了进去。随着训练程度的提升，我的跑步鞋会因为底板摩擦而升温，有时候，甚至到了能闻到橡胶灼烧味道的程度。

就像《奥兹国的男巫师》里的锡皮人，我觉得所有的关节都需要加油。穿在身上的 50 多千克重的铠甲，只能部分地分散我身上的负重。在人为的负重之下，我的肩膀和臀部都会痛苦地反抗。不可避免地，肩膀、臂部的疼痛灼热与摩擦发热将不断加重。我发现自己不断地调整铠甲位置想分散这种定点的疼痛，但只是白费力气。我这习惯了太空生活的身体不欢迎锻炼。坚持每天两次 1 小时的训练需要耗费我能够掌握的所有意志与自制——一旁还有萨沙的袖珍光盘播放机正在大声喧哗。

我需要运动。人的身体，在不用花费力气的宇宙中闲置，就会急剧虚弱。骨质疏松，肌肉萎缩。如果 5 个月后，我不用再变成地球人，那么身体机能退化就没什么大不了的。

但不久以后，我必须抱着我 11 千克的儿子散步。此外，如果在着陆时有什么紧急情况发生，我得依靠自己的力量从航天器里出去。锻炼是克服失重造成的体能衰退的一种方法。

我的躯体终于变得灵活了。我的脉搏从静态时的 35~40 次 / 分钟变成了 150 次 / 分钟。尽管不太舒适，锻炼仍给予了我一种休息——一种放松方式。一旦处于舒适的跑步节奏，我会闭上眼睛，想象着慢跑在自己最喜欢的回家路线上——公园、孩子们玩耍的垒球场、摇摆的树林。

这样做会使时间过得更快。

有时候我会想起自己死去的父亲。我强烈地感受到他的存在，也许是因为我人在天堂，离他很近。我会与他默默地交流，告诉他我很想念他。他看上去快乐而满足，他为我高兴。

尽管有时候，我会热泪盈眶，与爸爸交谈感觉真好。和他在一起很舒服，流泪之后人也感觉好得多。

有时候跑步是一种纯粹的欢乐，我觉得自己在跳跃欢唱。尽管我在地球上时，从没有遇到过人们常说的跑步者的兴奋点；在太空中跑步时，我真的达到了陶醉的程度。在"和平号"的跑步机上，我发觉自己既体会到了跑步的兴奋，又感受到了跑步的沮丧。

我也喜欢上了非官方的记录书籍。在我的第一次飞行中，当我们飞到美国上空时，我定下了秒表。接下来的 90 分钟，我开始不停不停地跑。飞船以 28 164 千米 / 小时的速度在地球轨道上运行 1 周，需要 90 分钟的时间。我环绕了地球，我瞥向窗外，又一次看见了美国。《跑步者的世界》杂志后来写了一篇关于"我不停地跑步，绕世界一周"的文章。登上"和平号"后，我重复了这项举动好几次。尽管我不太在乎自己到底进行了几次不停地奔跑，我只想说，我曾经绕过这个世界一两次。

当我不在跑步机上跑的时候，就没有什么力量将我往下拽，也没有什么来压迫我的脊椎。我长高了。

起飞那天，我的身高略微不足 1.83 米。但我在轨道上待了一天之后，就成了整整 1.83 米。

在轨道上的第二天结束后，我量的是 1.89 米。"啊！"我想，"也许等我回到地球就可以退役，开始在 NBA 打球了。我每天都在长高，灌篮应该没有问题，实际上，我可以飞到篮板上，然后从篮圈往下扣！"

到第三天结束，我的生长完成了，我仍旧是 1.89 米。以后在太空中的 5 个月，我保持了 1.89 米，在我回到地球的第一天则缩回到我离开前的正常身高。

我的 NBA 梦想仅此而已。

我们的服装包括一件棉 T 恤，一条棉短裤和一双汗袜。没有供应内衣。T 恤与短裤都是些没劲的颜色。稍微好看一点的那套是令人作呕的绿色，领口镶了艳蓝色的边。俄罗斯产的棉布真是太薄了，衣服几乎是透明的。不仅如此，没有一条短裤是有松紧的内裤。客气一些，我只想说，短裤太松，而任何东西在太空中都会漂浮。这套衣服真是够可以的。

在飞行之前，我的俄罗斯教练教导我，出于卫生的原因，在太空中不到 3 天就得换一次衣服。不幸的是，在拿到"和平号"的服装行李清单时，我们发现，船上的衣服只够我们每两星期换一次。

一套衣服穿两星期是有些久了。船上没有淋浴设备，没有洗衣房。"和平号"冷却系统的故障使空间站的温度持续一个多月上升到 90℃。在太空中使劲地踩跑步机，我会大量地出汗，汗水在脸上凝成水珠。

我努力适应这两星期的日程，而不太为自己感到恶心。第一周，我会日夜穿着相同的衣服。第二周，这些衣服就会变成我的跑步装。我会将锻炼服装放在电冰箱冷冻装置的排风扇附近，使得汗湿的 T 恤在早晨到黄昏两次运动之间变干。但多数时间是，在我下午踩上跑步机之前，得穿上仍旧潮湿的 T 恤。

穿了两星期之后，我发现那衣服真是令人讨厌透了。我会将潮湿的衣服团成球，用导管将它们缠起来。然后我会将球扔进"前进号"垃圾车里。"前进号"在再次进入大气层时会烧毁，这对我那可恶的、臭气熏天的破布来说，是个合适的结局。

"和平号"上没有淋浴或盆浴。太空中的洗澡过程等同于在地球上用海绵搓澡——还得外加因失重与缺水造成的困难。

要洗澡，一开始，我得将水从配给装置射入一个装有特种低泡沫肥皂的锡箔小包里。

然后，我会插入一个带有自动开关折叠装置的麦管。接着，我摇动小包，打开折叠，往身上挤几点肥皂水。如果我保持不动，水会变成小珠子附着在皮肤上。然后我用一块类似10厘米×10厘米棉纱垫的布，把水抹遍全身。因为在洗澡过程中布变得很脏，我总是最后才洗脚部、胯部与腋下。

对于我过长的头发，我则使用一种不用冲洗的香波。这种香波不需要水。我直接将香波倒在头皮上，然后搓洗。理智上，我知道我的头发不比使用香波前干净多少——尘土能到哪里去？——但心理上觉得干净一些。

在我的保健箱里有俄罗斯人提供的一种特殊护牙用品——能带在小指上的套形湿润棉纱垫。在手指上套上棉垫，搓洗牙齿和牙龈。尽管不是什么天才设计，我宁可把克莱斯特牙膏挤在牙刷上。为了不使嘴里的液体与泡沫漂起来，刷牙时我得尽可能将嘴闭上。刷完牙后，我会将多余的牙膏与水吐在曾用来洗澡的同一块布上，然后除去头发上的香波。

在太空中，刮胡子不是件容易的事，而且十分浪费时间。我会往脸上挤少量的水，表面张力与我的胡茬儿使水附着在脸上。我会在水上加一点美国国家航空航天局制造的叫作"太空剃刀"的刮胡膏。每刮一下，刮胡膏与胡子的混合物就会暂时黏在刀片上，直到我将其放到使用了一星期的脏毛巾上。每放一次，我就会滚动毛巾来抓住丢弃物。

因为花费时间太多，我选择每周刮一次胡子，即在每个星期天的早上。

我不留大胡子是因为，如果在突发事件中我需要戴上防毒面具，胡子可能会阻碍全脸面具的密封。一周刮一次胡子变成了一种计时的方法。如果在镜子里瞥见一张脏乱的脸孔，我就知道是星期五或者星期六，我又熬过了一周。

我的床是光谱太空舱后面的一堵墙，对面的地板上有一台通气扇。因为在太空中热空气不会上升，这里没有空气对流。风扇是使空气流动的唯一途径。

睡在一个不够通风的地方，你很可能会像是在一个氧气不足与二氧化碳过剩的罩子里呼吸。结果会导致缺氧与换气过度。人醒过来时会感到剧烈的头疼，且会拼命吸气。

出于这个原因，我头脚倒置睡在墙上，头冲着那台运行的风扇。我用一根 BUNGEE 绳或是一条尼龙褡裤防止在夜里漂走。我见过其他宇航员在睡觉时到处漂浮——他们在晚上绕着飞船漂浮，通常撞上滤过器的吸入一侧时才会醒来。

我就是这样在太空中生活了 5 个月。

为什么要探索宇宙

［美］恩斯特·史都林格

kelejiabing　译

亲爱的 MaryJucunda 修女：

　　每天，我都会收到很多类似的来信，但您的来信对我触动最深，因为它来自一颗慈悲的饱含探求精神的心灵。我会尽自己所能来回答你这个问题。

　　在来信中，你问我在目前地球上还有儿童由于饥饿面临死亡威胁的情况下，为什么还要花费数十亿美元研发飞向火星的航行。我清楚你肯定不希望得到这样的答案："哦，我之前不知道还有小孩子快饿死了，好吧，从现在开始，暂停所有的太空项目，直到孩子们都吃上饭再说。"

　　在详细说明我们的太空项目如何帮助解决地面上的危机之前，我想先讲一个真实的故事。那是在 400 年前，德国某小镇有一位伯爵，他是位心地善良的人，将自己收入的一大部分捐给了镇子上的穷人。这十分令人钦佩，因为中世纪时穷人很多，而且那时经常爆发席卷全国的瘟疫。一天，伯爵碰到了一个奇怪的人，他家中有一个工作台和一个小实验室，他白天卖力工作，晚上专心进行研究。他把小玻璃片研磨成镜片，然后把研磨好的镜片装到镜筒里，用此来观察细小的物件。伯爵被这个前所未见的可以把东西放大观察的小发明迷住了，他邀请这个怪人住到他的城堡里，作为伯爵的门客，此后他可以专心投入所有的时间来研究这些光学器件。

然而，镇子上的人得知伯爵在这么一个怪人和他那些"无用"的玩意儿上花费金钱之后，都很生气，他们抱怨道："我们还在受瘟疫的苦，而他却为那个闲人和他没用的爱好乱花钱！"伯爵听到后不为所动，他表示："我会尽可能地接济大家，但我会继续资助这个人和他的工作，我确信终有一天会有回报。"

果不其然，他的工作（以及同时期其他人的努力）赢来了丰厚的回报——显微镜的发明。显微镜的发明给医学带来了前所未有的发展，由此展开的研究及其成果，消除了世界上大部分地区肆虐的瘟疫和其他一些传染性疾病。

伯爵为支持这项研究发明所花费的金钱，其最终结果大大减轻了人类所遭受的苦难，这回报远远超过单纯将这些钱用来救济那些遭受瘟疫的人。

我完全不介意政府每年多拿出一点税款来帮助饥饿的儿童，无论他们身在何处。

我相信我的朋友们也会持相同的态度。然而，事情并不是仅靠把去往火星航行的计划取消就能轻易实现的。与之相对，我甚至认为可以通过太空项目，来缓解乃至最终解决地球上的贫穷和饥饿问题。解决饥饿问题的关键在于食物，即食物的生产和食物的发放。食物生产涉及农业、畜牧业、渔业及其他大规模生产活动，世界上，一些地区高效高产，有的地区产量严重不足。通过高科技手段，如灌溉管理、肥料的使用、天气预报、产量评估、程序化种植、农田优选、作物的习性与耕作时间选择、农作物调查及收割计划，可以显著提高土地的生产效率。

人造地球卫星无疑是改进这两个关键问题最有力的工具。在远离地面的运行轨道上，卫星能够在很短的时间里扫描大片的陆地，可以同时观察计算农作物生长所需要的多项指标，包括土壤、旱情、雨雪天气等，并且可以将这些信息传输至地面接收站，以便做进一步处理。据估算，配备有土地资源传感器及相应的农业程序的人造卫星系统，即便是最简单的型号，也能给农作物的年产量带来数以十亿美元计的提升。

通过卫星进行监测与分析来提高食品产量，只是通过太空项目提高人类生活质量的一个方面。下面我想介绍另外两个重要作用：促进科学技术的发展和提高人的科学素养。

登月工程需要前所未有的高精度和高可靠性科技作保障。面对如此严苛的要求，我们要寻找新材料、新方法，开发出更好的工程系统，用更可靠的制作流程，让仪器的工作寿命更长久，甚至需要探索全新的自然规律。

这些为登月发明的新技术同样可以用于地面上的工程项目。每年，大概有1000项从太空项目中发展出来的新技术被用于日常生活，这些技术打造出更好的厨房用具和农场设备，更好的缝纫机和收音机，更好的轮船和飞机，更精确的天气预报和风暴预警，更好的通信设施，更好的医疗设备，也不乏更好的日常小工具。你可能会问，为什么先设计出宇航员登月舱的维生系统，而不是先为心脏病患者造出远程体征监测设备呢？答案很简单，解决工程问题时，重要的技术突破往往并不是按部就班直接得到的，而是来自能够激发出强大创新精神、能够燃起的想象力和坚定的行动力、能够整合好所有资源的充满挑战的目标。

太空旅行就是这样一项充满挑战的事业。通往火星的航行并不能直接提供食物，解决饥荒问题，然而，它带来大量的新技术和新方法可以用在火星项目之外，这将产生数倍于原始花费的收益。

若希望人类生活得越来越好，除了需要新的技术，我们还需要基础科学不断有新的进展。包括物理学和化学，生物学和生理学，特别是医学，为人类的健康保驾护航，应对饥饿、疾病、食物和水的污染以及环境污染等问题。

我们需要更多的年轻人投入到科学事业中来，我们需要给予那些投身科研事业的有天分的科学家更多的帮助。随时要有富于挑战的研究项目，同时要保证对项目给予充分的资源支持。在此我要重申，太空项目是科技进步的催化剂，它为学术研究工作提供了绝佳的实践机会，包括对月球和其他行星的研究、物理学和天文学、生物学和医学科学等学科。有了它，科学界源源不断出现令人激动不已的研究课题，人类得以窥见宇宙无比瑰丽的景象；为了它，新技术新方法不断涌现。

尽管我们开展的太空项目研究的东西离地球很遥远，已经将人类的视野延伸至月亮、太阳、星球，直至那遥远的星辰，但天文学家对地球的关注，超越以上所有天外之物。太空项目带来的不仅有那些新技术所提供的生活品质的提升，随着对宇宙研究的深入，我们对地球、生命、人类自身的感激之情将越深。太空探索让地球更美好。

随信一起寄出的这张照片，是 1968 年圣诞节那天"阿波罗 8 号"在环月球轨道上拍摄的地球的景象。它开阔了人类的视野，让我们如此直观地感受到地球是广阔无垠的宇宙中如此美丽而又珍贵的孤岛，同时让我们认识到地球是我们唯一的家园，地球之外是荒芜阴冷的外太空。无论在此之前人们对地球的了解是多么有限，对于破坏生态平衡的严重后果的认识是多么不充分，在这张照片公开发表之后，面对人类目前所面临的种种严峻形势，如环境污染、饥饿、贫穷、过度城市化、粮食问题、水资源问题、人口问题等，号召大家正视这些严重问题的呼声越来越多。人们突然表示出对自身问题的关注，和目前正在进行的这些初期太空探索项目，以及它所带来的对于人类自身家园的全新视角不无关系。

太空探索不仅仅给人类提供一面审视自己的镜子，它还能给我们带来全新的技术、全新的挑战和进取精神，以及面对严峻现实问题时依然乐观自信的心态。我相信，人类从宇宙中学到的，充分印证了艾伯特·史怀哲那句名言："我忧心忡忡地看待未来，但仍充满美好的希望。"

向您和您的孩子们致以我最真挚的敬意！

您诚挚的

恩斯特·史都林格

航天的细节

吴　晨

　　1965 年，进行人类首次太空行走的苏联宇航员阿列克谢·列昂诺夫，在走出飞船的那一刻向莫斯科汇报："地球的确是圆的。"透过舷窗俯瞰地球已是无与伦比的感受，而沉浸在无垠的太空中直面蓝色星球的第一人，却说出如此直白的话语。或许只有简单的言语，才能描绘这巨大的震撼。

　　美国宇航员斯科特·凯利在他的新书《持久》中感叹，当他于 2016 年结束在国际空间站一年的航天飞行之后，他深刻意识到，宇航员个人成就的背后，是成百上千人的努力，他为自己能成为这些人集体努力的结晶而感到自豪。他的这本书，恰恰希望用细节去解构航天的"宏大叙事"和"英雄史观"。他还原了一个有血有肉的宇航员的视角，为全球航天事业，尤其是国际空间站上各国的合作,填充了鲜活的细节。

"仪式感"与"小确幸"

当隶属美国国家航空航天局的航天飞机退役之后,俄罗斯的"联盟号"飞船成了欧、美、日宇航员前往国际空间站的唯一交通工具。美国宇航员因此必须和俄罗斯宇航员一同训练、一同出发。凯利曾两度乘坐"联盟号"飞船,对俄罗斯的航天文化耳濡目染,有惊叹之处,也有错愕之时。入乡随俗,最让他印象深刻的还是俄罗斯航天的"仪式感"。

"联盟号"飞船在哈萨克斯坦的发射场发射升空之前,会有东正教的神父来做祝祷,向每一位宇航员脸上洒圣水,据说这一仪式在苏联第一个宇航员加加林时代就有了。很难想象 20 世纪 60 年代的苏联,在全人类科技突飞猛进的当口,仍然和过去迈向未知的探险时一样,期望有神的祝福。不过凯利对此的看法很温和:多一点祈福总不是什么坏事,毕竟坐在那么多液体燃料之上的旅程,风险不低。

让凯利更吃惊的事发生在前往发射台的路上。这时候宇航员都已经穿戴完毕,被套进厚厚的宇航服。载着宇航员的大巴行至中途,却突然停了下来。宇航员依次下车,来到大巴车的右后轮处,解开早就被密封而且检查过的宇航服,对着轮胎撒尿。因为俄罗斯的宇航服必须从胸部位置将整个身体套进去,女性宇航员没办法像男性那样小解,但是她们也会带上一瓶尿液,或者至少是一瓶水,洒在轮胎上。

为什么会有这样的仪式?肇始者也是加加林。据说,加加林在第一次太空飞行发射之前,因为尿急突然叫停了大巴车,下来朝着右后轮撒了一泡尿。既然加加林这么做了,然后成为抵达太空的第一人,并且安全返回,俄罗斯的宇航员就都重复这一做法,美国人也不得不入乡随俗。

相较于加加林，美国的宇航员就没有那么幸运了。美国第一位完成绕地球轨道飞行的宇航员约翰·格伦，因为发射的准备时间很长，尿憋不住了，他问宇航中心，是否可以暂时从"友谊 7 号"飞船上下来，上一趟厕所。宇航中心回答，就尿在宇航服里吧。所以，第一个成功完成轨道飞行的美国宇航员，是穿着被尿湿的裤子执行整个航天任务的。

如果说俄罗斯人有他们的"仪式感"，美国人也有自己的"小确幸"。出发之前，美国宇航员要一起打一场扑克，一定要让指令长输光所有筹码才能出征，因为指令长要把自己的坏运气全留在地球上。

美国人的另一项"小确幸"是喜欢针对菜鸟做恶作剧。在第一次作为指挥官执行任务时，凯利就想了一个恶作剧。在登机前，他突然对 3 个菜鸟说，你们带登机牌了吗？说着就从口袋里拿出了自己打印的登机牌。另外 3 名老宇航员也不约而同地掏出了登机牌，以配合凯利。3 名菜鸟一下子面面相觑，慌了神。凯利接着像煞有介事地说，哎呀，没有登机牌，你们几个怎么办？直到 4 名老宇航员中的一个憋不住笑了出来，3 名菜鸟才知道自己被耍了。

魔鬼都在细节之中

上厕所，是航天飞行中排名前三的重要细节。另外两点中，一个是水处理，也和尿液息息相关，因为空间站上大部分的水都来自宇航员尿液的循环处理。另一个则是空气净化，以确保空间站中的二氧化碳含量不超标。厕所是国际空间站上最重要的设备，如果厕所坏了，宇航员就只有一个选择：弃船逃生。所以修厕所是宇航员最重要的工作之一。

洗澡和换洗衣服也是有趣的细节。凯利第一次乘航天飞机上天时，也免不了被老宇航员戏耍。其中一位宇航员就把他的备用内裤都藏了起

小黑孩 图

来，害得他在整整 7 天的航天飞行中都穿着同一条内裤。不过他反倒因祸得福：无论是在航天飞机上还是在空间站里，洗澡和洗衣服都是不可能的。所谓洗澡，就是用毛巾把身上干了的汗渍擦掉而已。在空间站里长期居住，没办法换洗衣服，穿脏的衣服只能直接扔掉。所以，长期飞行，宇航员需要尽可能地把衣服穿久一些。凯利在第一次航天飞行时遭遇恶作剧，就算是为此后在空间站上长期居住做准备。

　　在太空，为了保证肌肉不萎缩、骨骼不退化，宇航员每天都需要做一定时间的锻炼，跑步机当然少不了。这里又有一个很少有人提及的细节：如果跑步不当，可能会让空间站机毁人亡。这听起来耸人听闻，但是跑步时宇航员有规律的步伐，如果其频率恰好与某个会引发空间站共振的频率一致，所引发的共振会带来致命的危险，有可能撕裂整个空间站。

所以挂在墙上的跑步机（在失重的环境里是不分上下左右的，完全可以站在挂在墙上的跑步机上跑步，就是挂在天花板上也没问题）会配备专门的共振消除器。

太空中最细小的细节，其实是人的心理。某种意义上，在空间站中一年的旅行，不仅是对身体变化的科学实验，也是一场心理实验。国际空间站每3个月就会迎来或者送走一批宇航员，这都在考验常驻者的心情。别离的心情，复杂而微妙。当返回舱的舱门关闭之后，3名共处了3个月的同事一下子不见了，虽然在通信设备里还能听见他们和地面的沟通，可人已经不在身边了。几小时之后，3人小组就降落在哈萨克斯坦，从此"天人两隔"。

到2016年完成任务时，凯利成为在国际空间站中一次停留时间最长的美国宇航员，可是全人类航天飞行的纪录仍由俄罗斯人保持。空间站就是来自世界各国的宇航员一起生活、一起工作的一个平台。在环地轨道上，宇航员也有了超越世俗的视角，尤其是对全人类共享的地球的看法。

凯利就记下了这样一个美妙的瞬间。有一天3时，他起身上厕所的时候，发现一名刚刚登上空间站的女宇航员，在可以俯瞰地球的穹顶舱吹长笛。空间站以超过2万千米/小时的速度扫过地球，悠远的笛声仿佛天籁。这一幕天人合一的美景，超越尘世间的一切。

当然，空间站大多数时候仍是世俗的。俄罗斯宇航员大多数时间待在俄罗斯部分，美国宇航员待在美国部分，每周五聚餐的时候他们一定会聚在一起。俄罗斯与美国在太空也有易货贸易，空间站中的空气、水、食物，甚至"进步号"飞船返回舱里装垃圾的空间，都是俄美交易的标的。当然宇航员有时候也会背着地面私下交易，只讲交情，不论价钱。

编后记

　　科技是国家强盛之基，创新是民族进步之魂。科技创新、科学普及是实现创新发展的两翼，科学普及需要放在与科技创新同等重要的位置。

　　作为出版者，我们一直思索有什么优质的科普作品奉献给读者朋友。偶然间，我们发现《读者》杂志创刊以来刊登了大量人文科普类文章，且文章历经读者的检验，质优耐读，历久弥新。于是，甘肃科学技术出版社作为读者出版集团旗下的专业出版社，与读者杂志社携手，策划编选了"《读者》人文科普文库·悦读科学系列"科普作品。

　　这套丛书分门别类，精心遴选了天文学、物理学、基础医学、环境生物学、经济学、管理学、心理学等方面的优秀科普文章，题材全面，角度广泛。每册围绕一个主题，将科学知识通过一个个故事、一个个话题来表达，兼具科学精神与人文理念。多角度、多维度讲述或与我们生活密切相关的学科内容，或令人脑洞大开的科学知识。力求为读者呈上一份通俗易懂又品位高雅的精神食粮。

　　我们在编选的过程中做了大量细致的工作，但即便如此，仍有部分作者未能联系到，敬请这些作者见到图书后尽快与我们联系。我们的联系方式为：甘肃科学技术出版社（甘肃省兰州市城关区曹家巷 1 号甘肃新闻出版大厦，联系电话：0931-2131576）。

　　丛书在选稿和编辑的过程中反复讨论，几经议稿，精心打磨，但难免还存在一些纰漏和不足，欢迎读者朋友批评指正，以期使这套丛书杜绝谬误，不断推陈出新，给予读者更多的收获。

丛书编辑组
2021 年 7 月